DE ANTWOORDEN
OP DE
GROTE VRAGEN

STEPHEN HAWKING

DE ANTWOORDEN OP DE GROTE VRAGEN

Vertaald door Rob de Ridder

Spectrum

Uitgeverij Unieboek | Het Spectrum bv

Spectrum maakt deel uit van Uitgeverij Unieboek | Het Spectrum bv,
Postbus 97
3990 DB Houten

Oorspronkelijke uitgave: First published in Great Britain in 2018 by John Murray (Publishers). An Hachette UK Company

Eerste druk oktober 2018
Tweede druk oktober 2018
Derde druk november 2018

Oorspronkelijke titel: *Brief Answers to the Big Questions*
Vertaling: Rob de Ridder
Omslagontwerp: Bij Barbara
Auteursfoto omslag en pagina 256: Andre Pattenden
Opmaak: Elgraphic bv, Vlaardingen

ISBN 978 90 00 36504 3
ISBN 978 90 00 36505 0 (e-book)
NUR 320

www.unieboekspectrum.nl

Inhoud

Opmerking van de uitgever

Stephen Hawking werd herhaaldelijk door geleerden, tech-ondernemers, belangrijke zakenlieden, politieke leiders en het grote publiek gevraagd naar zijn gedachten over de 'grote vragen' van onze tijd. Hij hield er een enorm persoonlijk archief op na van zijn antwoorden hierop in de vorm van toespraken, interviews en artikelen.

Dit boek is gebaseerd op dat persoonlijke archief en was in wording ten tijde van zijn overlijden. Het is voltooid in samenwerking met zijn academische collega's, zijn familie en de Stephen Hawking Estate.

Een deel van de royalty's gaat naar het goede doel.

Voorwoord

Eddie Redmayne

De eerste keer dat ik Stephen Hawking ontmoette, werd ik getroffen door hoe sterk hij was en hoe kwetsbaar. De vastberaden blik in zijn ogen in combinatie met zijn lichaam dat niet bewoog, kende ik van mijn onderzoek; ik had enige tijd daarvoor het contract getekend om de rol te spelen van Stephen Hawking in *The Theory of Everything* en had de laatste maanden een studie gemaakt van zowel zijn werk als de aard van zijn ziekte. Ik wilde begrijpen hoe ik met mijn lichaam het verloop van amyotrofe laterale sclerose (ALS) uitdrukking moest geven.

Maar toen ik het icoon Stephen zelf ontmoette, deze geleerde met die fenomenale gave, die voornamelijk communiceerde via een gecomputeriseerde stem in combinatie met een paar zeer expressieve wenkbrauwen, stond ik toch totaal perplex. Ik word meestal nerveus als er stiltes vallen in een gesprek en praat dan te veel, terwijl Stephen de kracht van de stilte uitstekend begreep, de kracht van het gevoel dat je kritisch wordt bekeken. Zenuwachtig begon ik Stephen te vertellen dat onze verjaardagen vlak na elkaar vielen waardoor we hetzelfde teken van de dierenriem hadden. Enkele minuten later antwoordde hij: 'Ik ben astronoom. Geen astroloog.' En hij stond erop dat ik hem Stephen noemde en ophield hem aan te spreken met professor.

De gelegenheid Stephen te spelen was uitzonderlijk. Die rol trok me aan vanwege de dualiteit tussen Stephens uiterlijke triomf in zijn wetenschappelijke werk en zijn innerlijke strijd tegen ALS, die hij streed sinds hij begin twintig was. Het was een uniek, ingewikkeld en rijk verhaal van menselijk wedervaren, gezinsleven, enorme academische prestaties en het almaar moeten overwinnen van hindernissen. We wilden die bezieling neerzetten, maar we wilden ook de vastberadenheid laten zien en de moed die hijzelf en zijn naasten in zijn leven hebben betoond.

Maar het was net zo belangrijk om een andere kant van Stephen neer te zetten: die van showman. In mijn caravan had ik uiteindelijk drie afbeeldingen voor me waarop ik me kon baseren. Eén daarvan was Einstein die zijn tong uitsteekt, omdat Hawking hetzelfde soort speelse humor had. Een andere was de joker uit een kaartspel die is afgebeeld als de poppenspeler, omdat Stephen mensen altijd aan een draadje had. En de derde was James Dean. Dat was wat ik overhield aan onze ontmoeting: de schittering en de humor.

De grootste moeilijkheid van het spelen van een nog

levend persoon is dat je verantwoording dient af te leggen aan degene die je hebt uitgebeeld. In Stephens geval was dat bovendien aan zijn familie, die me zo genereus tegemoet was gekomen tijdens mijn voorbereiding op de film. Voordat Stephen naar de filmvertoning ging, zei hij tegen mij: 'Ik zal je vertellen wat ik ervan vind. Goed. Of iets anders.' Ik antwoordde dat, als het 'iets anders' was, hij misschien alleen 'iets anders' moest zeggen en me de pijnlijke details kon besparen. Maar Stephen vertelde me mild dat hij van de film genoten had. Hij was erdoor geëmotioneerd maar hij verklaarde ook, zoals iedereen weet, dat hij vond dat er meer natuurkunde in had gemoeten en minder emotie. Daarover valt niet te twisten.

Na *The Theory of Everything* heb ik contact gehouden met de familie Hawking. Ik was geroerd toen me werd gevraagd om een woordje te zeggen bij Stephens bijzetting. Het was een ongelooflijk droeve, maar schitterende dag, vol liefde en mooie herinneringen en bespiegelingen over de moedigste mens van allemaal, die de wereld zijn wetenschap binnenleidde en ook zijn zoektocht toonde naar erkenning van invaliden, om hun de kans te geven een volwaardig leven te leiden.

We zijn een prachtige geest kwijtgeraakt, een verbazingwekkende geleerde en de grappigste man van wie ik het genoegen heb gehad die ooit te ontmoeten. Maar zoals zijn familie ten tijde van Stephens overlijden zei, zullen zijn werk en nalatenschap voortleven en het is dus met droefenis maar ook met veel plezier dat ik u deze bundel van Stephens geschriften over uiteenlopende en fascinerende onderwerpen aanbied. Ik hoop dat u van zijn werken zult genieten en, om Barack Obama te citeren, ik hoop dat Stephen het leuk heeft daarboven tussen de sterren.

Met liefde,
Eddie

Inleiding

Professor Kip S. Thorne

De eerste keer dat ik Stephen Hawking ontmoette was in juli 1965 in Londen tijdens een congres over algemene relativiteit en gravitatie. Stephen zat midden in zijn promotieonderzoek aan de universiteit van Cambridge, ik had het mijne zojuist afgerond aan Princeton University. Er gingen geruchten door de vergaderzalen dat Stephen een overtuigend argument had geformuleerd waarom ons heelal op een bepaald moment in het verleden wel móést zijn ontstaan. Het kan gewoon niet oneindig oud zijn.

Dus samen met nog zo'n honderd mensen perste ik me in een zaaltje voor veertig om Stephen te horen spreken. Hij liep met een stok en hij sprak soms wat onduidelijk, maar verder vertoonde hij slechts bescheiden symptomen van de neurologische ziekte, die pas twee jaar eerder bij hem was gediagnosticeerd. Zijn geest was duidelijk onaangetast. Zijn heldere betoog steunde op de vergelijkingen in Einsteins algemene relativiteitstheorie, op de waarnemingen van astronomen dat ons heelal uitdijt en op enkele aannames die hoogstwaarschijnlijk waar waren, en maakte gebruik van enkele nieuwe wiskundige technieken die Roger Penrose kort daarvoor had ontwikkeld. Stephen combineerde een en ander op slimme, sterke en overtuigende wijze en kwam tot het volgende resultaat: ons heelal moet in een of andere singuliere toestand ongeveer tien miljard jaar geleden zijn begonnen. (In het daaropvolgende decennium zouden Stephen en Roger de krachten bundelen en zelfs nog overtuigender dit singuliere begin van de tijd aantonen, en even overtuigend aantonen dat de kern van ieder zwart gat een singulariteit is waarin de tijd eindigt.)

Ik was diep onder de indruk toen ik in 1965 van Stephens lezing kwam. Niet alleen door zijn argument en de conclusie, maar meer nog door zijn inzichten en creativiteit. Ik zocht hem op en we praatten een uur met elkaar. Dat was het begin van een levenslange vriendschap, een vriendschap die niet alleen gebaseerd was op onze overeenkomstige wetenschappelijke belangstelling, maar op wederzijdse sympathie, een griezelig vermogen elkaar te begrijpen als mensen. Al gauw besteedden we meer tijd aan het praten over onze levens, onze liefdes en zelfs onze dood dan over wetenschap, al maakte onze wetenschap nog steeds een groot deel uit van wat ons bond.

In september 1973 nam ik Stephen en zijn vrouw Jane mee naar Moskou. De Koude Oorlog woedde nog, maar ik kwam sinds 1968 om de twee jaar in Moskou, waar ik samenwerkte met leden van een groep onder leiding van Jakov Borisovitsj Zeldovitsj. Zeldovitsj was een fantastische astrofysicus en ook de vader van de Russische waterstofbom. Vanwege zijn kennis van nucleaire geheimen was het hem verboden naar West-Europa of Amerika te reizen. Hij verlangde enorm naar gesprekken met Stephen, maar hij kon niet naar Stephen komen, dus gingen wij naar hem.

In Moskou overweldigde Stephen Zeldovitsj en honderden andere wetenschappers met zijn inzichten en in ruil daarvoor leerde Stephen een en ander van Zeldovitsj. Het gedenkwaardigste moment was een middag die Stephen en ik doorbrachten met Zeldovitsj en zijn promotiestudent Alexei Starobinski in Stephens kamer in het Rossiya Hotel. Zeldovitsj legde op intuïtieve wijze een opmerkelijke ontdekking uit die ze hadden gedaan, en Starobinski legde het wiskundig uit.

Het draaien van een zwart gat kost energie, dat begrepen we al. Een zwart gat, zo legden ze uit, kan zijn draaiing gebruiken om deeltjes te maken en die deeltjes vliegen weg en nemen iets van de draaiingsenergie mee. Dit was nieuw en verrassend, maar ook weer niet heel verrassend. Als een voorwerp bewegingsenergie heeft, dan vindt de natuur gewoonlijk wel een manier om die eraan te onttrekken. We kenden al andere manieren waarop de draaiingsenergie aan een zwart gat werd onttrokken; dit was alleen een nieuwe, onverwachte manier.

Nu is de grote waarde van dit soort gesprekken dat ze nieuwe denkrichtingen kunnen openen. En dat gebeurde bij Stephen. Een paar maanden lang peinsde hij over de ontdekking van Zeldovitsj en Starobinski, bekeek hij die eerst vanuit de ene hoek en dan vanuit de andere, totdat zijn geest op een dag werd getroffen door een echt radicaal inzicht: nadat een zwart gat is opgehouden met draaien, kan het nog steeds deeltjes uitzenden. Het kan stralen en dan straalt het alsof het zwarte gat heet was, als de zon, zij het niet heel heet; slechts lauwwarm. Hoe zwaarder het gat, hoe lager zijn temperatuur. Een gat zo zwaar als de zon heeft een temperatuur van 0,00000006 kelvin, dat wil zeggen 0,06 miljoenste graad Celsius boven het absolute nulpunt. De formule voor deze temperatuur staat gegraveerd in Stephens grafsteen in Westminster Abbey in Londen, waar zijn as rust, tussen de stenen van Isaac Newton en Charles Darwin.

De hawkingtemperatuur van een zwart gat en zijn hawkingstraling, zoals ze later genoemd zouden worden, waren echt radicaal, misschien wel de radicaalste ontdekking in de theoretische natuurkunde van de tweede helft van de vorige eeuw. Ze openden onze ogen voor de diepliggende verbanden tussen de algemene relativiteit (zwarte gaten), thermodynamica (de natuurkunde van warmte) en kwantumfysica (het verschijnen van deeltjes waar er eerst geen waren). Het bracht Stephen er bijvoorbeeld toe te bewijzen dat een zwart gat entropie kent, wat betekent dat ergens in of om een zwart gat een enorme willekeur heerst. Hij deduceerde dat de mate van entropie (het logaritme van de mate van willekeur van het zwarte gat) in verhouding staat tot het oppervlak van het gat. Zijn formule voor entropie zal worden gegraveerd in de gedenksteen bij het Gonville & Caius College in Cambridge, waar hij werkte.

De afgelopen vijfenveertig jaar hebben Stephen en andere natuurkundigen hun best gedaan om de precieze aard van die willekeur van een zwart gat te begrijpen. Het is een vraag die almaar nieuwe inzichten genereert over de innige band tussen de kwantummechanica en de algemene relativiteitstheorie, dat wil zeggen, over de slecht begrepen wetten van de kwantumgravitatie.

In de herfst van 1974 nam Stephen zijn promotiestudenten en zijn gezin (zijn vrouw Jane en hun kinderen Robert en Lucy) mee naar Pasadena, Californië, waar ze een jaar lang verbleven zodat hij en zijn studenten konden deelnemen aan het intellectuele leven van mijn universiteit, Caltech, en zich tijdelijk konden mengen met mijn onderzoeksgroep. Het was een glorieus jaar op het hoogtepunt van wat 'de gouden tijd van het zwartegatenonderzoek' genoemd zou gaan worden.

In dat jaar probeerde Stephen met zijn studenten en enkele van de mijne, zwarte gaten nog beter te begrijpen, zoals ik in zekere mate deed. Maar Stephens aanwezigheid en zijn leiderschap over onze gezamenlijke groep die onderzoek deed naar zwarte gaten, gaf mij de vrijheid een nieuwe richting in te slaan waar ik al jarenlang aan had gedacht: die van de zwaartekrachtgolven.

Er zijn slechts twee soorten golven die door het heelal kunnen reizen en ons informatie kunnen verschaffen over dingen ver weg: elektromagnetische golven (waartoe licht, röntgenstraling, gammastraling, microgolven, radiogolven enzovoorts behoren) en zwaartekrachtgolven.

Elektromagnetische golven bestaan uit trillende elektrische en magnetische krachten die zich met de lichtsnelheid voortplanten. Als ze tegen geladen deeltjes botsen, zoals de elektronen in een radio- of tv-antenne, dan schudden de deeltjes heen en weer en laten ze in de deeltjes de informatie achter die ze met zich meedragen. Die informatie kan worden versterkt en naar een luidspreker of tv-scherm worden gezonden zodat mensen ze kunnen begrijpen.

Zwaartekrachtgolven, aldus Einstein, bestaan uit een oscillatie in een ruimtekromming: een trillend uitrekken en samenpersen van ruimte. In 1972 had Rainer (Rai) Weiss van het Massachusetts Institute of Technology een detector voor zwaartekrachtgolven uitgevonden. In een L-vormige vacuümpijp hangen spiegels in de hoek en aan de uiteinden. Die in één van de poten van de L worden uit elkaar geduwd door het uitrekken van ruimte en die in de andere poot worden tegelijkertijd naar elkaar toe geduwd door het samenpersen van ruimte. (Denk hierbij aan een stuk elastiek: hoe meer je het uitrekt, hoe dunner het wordt.) Rai stelde voor laserstralen te gebruiken voor het meten van de trillingspatronen van dit uitrekken en samenpersen. Het laserlicht zou informatie aan de zwaartekrachtgolf kunnen onttrekken en dat signaal zou dan kunnen worden versterkt en ingevoerd in een computer, zodat mensen het kunnen interpreteren.

Het paradigma veranderende potentie van zwaartekrachtgolven kan worden vergeleken met hoe Galileo de aanzet gaf tot de moderne elektromagnetische astronomie door een kleine optische telescoop te bouwen, die op Jupiter te richten waarna hij Jupiters vier grootste manen ontdekte. In de vierhonderd jaar daarna heeft de astronomie met gebruikmaking van de elektromagnetische straling naast het zichtbare licht waar Galileo op vertrouwde, ons inzicht in het heelal compleet op zijn kop gezet.

In 1972 gingen mijn studenten en ik nadenken over wat we zouden kunnen leren over het heelal aan de hand van zwaartekrachtgolven: we begonnen een visie te ontwikkelen voor astronomie op basis van zwaartekrachtgolven. Omdat zwaartekrachtgolven een vorm van kromming van de ruimte zijn, zullen ze het sterkst worden geproduceerd door objecten die zelf geheel of gedeeltelijk bestaan uit gekromde ruimtetijd, en dat betekent met name door zwarte gaten. Zwaartekrachtgolven, zo concludeerden wij, zijn het ideale instrument voor het verkennen en testen van Stephens inzichten in zwarte gaten.

Meer in het algemeen, zo dachten we, zijn zwaartekrachtgolven zo radicaal anders dan elektromagnetische golven dat ze bijna zeker hun eigen, nieuwe revolutie zullen ontketenen in ons begrijpen van het heelal, misschien wel vergelijkbaar met de elektromagnetische revolutie die op Galileo's ontdekkingen volgde, áls deze moeilijk te vinden golven tenminste opgespoord kunnen worden en gevolgd. Maar dat was wel een grote áls: we dachten dat de zwaartekrachtgolven die de aarde overspoelen zo zwak zouden zijn dat de spiegels in het L-vormige apparaat van Rai Weiss ten opzichte van elkaar heen en weer zouden worden bewogen met niet meer dan een honderdste van de diameter van een proton, ofwel een tien miljoenste van de diameter van een atoom, zelfs als de spiegels een paar kilometer van elkaar zouden staan. De uitdaging om een dergelijk kleine beweging te meten, was enorm.

Dus in dat glorieuze jaar, waarin zijn en mijn onderzoeksgroepen samenwerkten aan Caltech, besteedde ik een groot deel van mijn tijd aan het verkennen van het vooruitzicht op succes met zwaartekrachtgolven. Kort nadat Stephen naar Cambridge was teruggekeerd, had ik een nacht lang een diepgaande discussie met Rai Weiss in zijn hotelkamer in Washington DC. Hier raakte ik ervan overtuigd dat het vooruitzicht op succes groot genoeg was om mijn eigen carrière en de energie van mijn studenten te stoppen in het helpen van Rai Weiss en andere wetenschappers om onze zwaartekrachtgolfvisie te verwezenlijken. En de rest, zo luidt de uitdrukking, is geschiedenis.

Op 14 september 2015 registreerden de zwaartekrachtgolfdetectors van LIGO (het Laser Interferometer Gravitational-Wave Observatory dat Rai, Donald Drever en ik hadden opgericht en waarvan de organisatie in handen is van Barry Barish) voor het eerst zwaartekrachtgolven. Door de golfpatronen te vergelijken met voorspellingen van computersimulaties kwam ons team tot de conclusie dat de golven waren geproduceerd toen twee zware zwarte gaten op 1,3 miljard lichtjaar van de aarde op elkaar botsten. Dit betekende het begin van de zwaartekrachtgolfastronomie. Ons team had voor zwaartekrachtgolven bereikt wat Galileo had bereikt voor elektromagnetische golven.

Ik heb er alle vertrouwen in dat de volgende generatie astronomen die aan zwaartekrachtgolven gaat werken, de komende decennia niet alleen de wetten over zwarte gaten van Stephen Hawking zal gaan testen, maar ook de zwaartekrachtgolven zal gaan opsporen van het ontstaan van het heelal uit een singulariteit. Daarmee testen ze dan ook de ideeën van Stephen en anderen over hoe ons heelal is ontstaan.

In dat glorieuze jaar 1974-1975, waarin ik me druk maakte over zwaartekrachtgolven en Stephen aan het hoofd stond van onze samengestelde onderzoeksgroep voor zwarte gaten, had hij een inzicht dat nog veel radicaler was dan zijn ontdekking van de hawkingstraling. Hij gaf een overtuigend, bijna waterdicht bewijs dat, als een zwart gat gevormd wordt en later compleet verdampt door het uitzenden van straling, de informatie die in het zwarte gat verdween, er niet meer uit heeft kunnen komen. Onvermijdelijk gaat informatie verloren.

Dit is zo radicaal omdat volgens de wetten van de kwantummechanica informatie nooit helemaal kan verdwijnen. Dus als Stephen gelijk had, dan schenden zwarte gaten een zeer fundamentele kwantummechanische wet.

Hoe kon dit? Het verdampen van een zwart gat wordt beheerst door de nog slecht begrepen wetten van de kwantumgravitatie, dat wil zeggen de gecombineerde wetten van de kwantummechanica en de algemene relativiteitstheorie, en dus, zo redeneerde Stephen, moet deze hechte band van kwantummechanica en relativiteit leiden tot de vernietiging van informatie.

De grote meerderheid van de theoretisch natuurkundigen vindt deze conclusie verschrikkelijk en is uitermate sceptisch. En dus worstelen ze nu al vierenveertig jaar met de zogenaamde paradox van het informatieverlies. Het is een strijd die de inspanning en de pijn die erin gestoken zijn, meer dan waard is aangezien deze paradox een sterke sleutel is tot het begrijpen van de wetten van de kwantumgravitatie. Stephen zelf vond in 2003 een manier waarop informatie toch zou kunnen ontsnappen tijdens het verdampen van een zwart gat, maar de worsteling van de theoretici was daarmee nog niet voorbij. Maar hij bewéés niet dat de informatie ontsnapt, en dus gaat de strijd door.

In mijn grafrede voor Stephen, uitgesproken bij de bijzetting van zijn as in Westminster Abbey, herdacht ik deze strijd als volgt:

'Newton gaf ons antwoorden. Hawking gaf ons vragen. En Hawkings vragen zelf blijven geven en nog decennia later doorbraken genereren. Als we uiteindelijk de wetten van de kwantumgravitatie kennen en het ontstaan van ons heelal volledig begrijpen, dan kan dat voor een groot deel komen doordat we op de schouders van Hawking zijn gaan staan.'

•

Net als ons glorieuze jaar 1974-1975 nog maar het begin was van de zoektocht naar zwaartekrachtgolven, was het ook het begin van Stephens zoektocht naar het tot in de details begrijpen van de wetten van de kwantumgravitatie en naar wat die wetten zeggen over de ware aard van de informatie en de willekeur van zwarte gaten, en ook over de ware aard van het singulaire ontstaan van ons heelal en de ware aard van de singulariteiten in zwarte gaten – de ware aard van het ontstaan en verdwijnen van tijd.

Dit zijn grote vragen. Heel grote vragen.

Ikzelf ben grote vragen altijd uit de weg gegaan. Ik heb te weinig vaardigheden, wijsheid en zelfvertrouwen om ze aan te pakken. Stephen daarentegen voelde zich altijd aangetrokken door grote vragen, of ze nu diepgeworteld waren in zijn vakgebied of niet. Hij had wél de noodzakelijke vaardigheden, wijsheid en het zelfvertrouwen.

Dit boek is een compilatie van zijn antwoorden op de grote vragen, antwoorden waaraan hij vlak voor zijn dood nog steeds werkte.

Stephens antwoorden op een aantal van de vragen zijn wel diepgeworteld in zijn vakgebied. (Bestaat er een God? Hoe is alles begonnen? Kunnen we de toekomst voorspellen? Wat zit er in een zwart gat? Is reizen door de tijd mogelijk? Hoe ziet de toekomst eruit?) Hierna zul je zien hoe hij de zaken die ik in deze inleiding heb aangestipt en nog veel meer, grondig bespreekt.

Zijn antwoorden op de andere vier vragen kunnen niet geworteld zijn in zijn vak. (Is er intelligent leven elders in het heelal? Zullen we overleven op aarde? Moeten we de ruimte koloniseren? Zal kunstmatige intelligentie slimmer worden dan wij?) Maar ook deze antwoorden onthullen grote wijsheid en creativiteit, zoals we van hem zouden verwachten.

Ik hoop dat je zijn antwoorden net zo stimulerend en inzichtelijk vind als ik. Geniet ervan!

Kip S. Thorne
juli 2018

WAAROM WE DE GROTE VRAGEN MOETEN STELLEN

Mensen hebben altijd antwoorden willen hebben op grote vragen. Waar komen we vandaan? Hoe is het heelal begonnen? Wat is de betekenis van alles en wat het doel? Is er iemand daarbuiten? De scheppingsverhalen van vroeger lijken nu minder relevant en geloofwaardig. Ze zijn vervangen door een verscheidenheid aan wat we slechts bijgeloof kunnen noemen, dat gaat van New Age tot *Star Trek*. Maar echte wetenschap kan nog veel vreemder zijn dan sciencefiction, en veel bevredigender.

Ik ben wetenschapper. Een wetenschapper die in hoge mate gefascineerd wordt door natuurkunde, door kosmologie, het heelal en de toekomst van de mensheid. Van mijn ouders heb ik een niet-aflatende nieuwsgierigheid meegekregen om, net als mijn vader, de vele vragen te onderzoeken die de wetenschap ons voorlegt en te trachten ze te beantwoorden. Ik heb gedurende mijn hele leven door het heelal gereisd, in gedachte tenminste. Via theoretische natuurkunde heb ik gezocht naar antwoorden op enkele van de grote vragen. Op een gegeven moment dacht ik dat ik het einde van de natuurkunde zoals we die kennen, mee zou gaan maken, maar nu denk ik dat het verrassende van het doen van ontdekkingen nog lang na mijn dood zal heersen. We zijn dicht bij een paar van de antwoorden, maar we zijn er nog niet.

Het probleem is dat de meeste mensen denken dat echte wetenschap te moeilijk en te ingewikkeld voor ze is. Maar volgens mij is dat niet zo. Onderzoek doen naar de fundamentele wetten die het heelal regeren zou een hoeveelheid tijd vergen die de meeste mensen niet hebben; de wereld zou knarsend tot stilstand komen als we allemaal aan theoretische natuurkunde zouden gaan doen. Maar de meeste mensen kunnen wel degelijk de basisideeën begrijpen en op waarde schatten, als die maar op duidelijke wijze en zonder wiskundige vergelijkingen worden gepresenteerd, wat volgens mij mogelijk is en wat ik gedurende mijn hele leven heb geprobeerd.

Het is een heerlijke tijd om in te leven en onderzoek te doen in de theoretische natuurkunde. Ons beeld van het heelal is de afgelopen vijftig jaar enorm veranderd en ik ben blij als ik daar een kleine bijdrage aan heb geleverd. Een van de grote onthullingen van het ruimtetijdperk is het perspectief dat de mensheid op zichzelf heeft gekregen. Als we de aarde vanuit de ruimte zien, zien we onszelf als een geheel. We zien de eenheid, niet de verschillen. Het is zo'n eenvoudig beeld met een meeslepende boodschap, één planeet en één menselijk ras.

Ik wil meedoen in het koor van hen die willen zien dat er onmiddellijk actie wordt ondernomen met betrekking tot de grote problemen waar de wereldgemeenschap voor staat. Ik hoop dat er in dat proces, ook al ben ik er zelf niet meer bij, mensen zijn met macht die creativiteit, moed en leiderschap kunnen tonen. Laat hen de uitdaging aannemen van de duurzame ontwikkeling en niet uit eigenbelang handelen, maar uit gemeenschappelijk belang. Ik ben me zeer bewust van hoe kostbaar de tijd is. Grijp dit moment aan. Doe het nu.

•

Ik schreef al eerder over mijn leven, maar sommige van mijn vroegste ervaringen zijn de moeite waard om te herhalen terwijl ik mijn levenslange fascinatie met de grote vragen overdenk.

Ik werd precies driehonderd jaar na het overlijden van Galileo geboren en ik denk graag dat deze toevalligheid invloed heeft gehad op hoe mijn wetenschappelijke leven eruit is gaan zien. Maar ik geloof dat er op die dag nog zo'n 200.000 baby's zijn geboren en ik weet niet of er meer van hen belangstelling hebben gekregen voor astronomie.

Ik ben opgegroeid in een hoog en smal victoriaans huis in Highgate, Londen, dat mijn ouders heel goedkoop hadden weten te kopen tijdens de Tweede Wereldoorlog, toen iedereen dacht dat Londen platgebombardeerd zou gaan worden. Een V2 kwam zelfs op een huis vlak bij het onze terecht. Op dat moment waren mijn moeder, mijn zus en ik niet thuis en mijn vader raakte gelukkig niet gewond. Nog vele jaren daarna was er verderop in de straat een open plek waar die bom terechtgekomen was en ik speelde daar vaak met mijn vriendje Howard. We onderzochten de gevolgen van de ontploffing met dezelfde nieuwsgierigheid die me mijn hele leven heeft gedreven.

In 1950 kreeg mijn vader een baan aan het net opgerichte National Institute for Medical Research in Mill Hill aan de noordkant van Londen en verhuisde ons gezin naar het kathedraalstadje St. Albans. Ik kwam hier terecht op de Highschool for Girls, die ondanks de naam ook jongens toeliet tot ze tien jaar oud waren. Later ging ik naar de St. Albans School. Ik was altijd heel middelmatig op school – het was een heel slimme klas – maar mijn klasgenootjes gaven me de bijnaam Einstein, dus vermoedelijk zagen zij bij mij signalen dat ik beter kon. Toen ik twaalf was, wedde een paar van mijn vriendjes om een zak snoep dat er nooit iets van me terecht zou komen.

Ik had zes of zeven echte vriendjes op St. Albans en ik herinner me dat we eindeloze discussies en ruzies hadden over bijna alles, van radiografisch bestuurde modelvliegtuigjes tot godsdienst. Een van de grote zaken waarover we discussieerden, was de oorsprong van het heelal en of er een God nodig was geweest om het te scheppen en op gang te brengen. Ik had gehoord dat licht van verre sterrenstelsels naar het rode uiteinde van het spectrum verschoof en dat dit erop zou duiden dat het heelal uitzet. Maar ik was ervan overtuigd dat er een andere oorzaak moest zijn voor deze roodverschuiving. Misschien dat het licht op zijn weg naar ons moe werd en daarom roder? Een in wezen onveranderlijk en eeuwigdurend heelal leek zo natuurlijker. (Het was pas jaren later, na de ontdekking van de kosmische achtergrondstraling toen ik al twee jaar bezig was met het onderzoek voor mijn proefschrift, dat ik besefte dat ik het bij het verkeerde einde had gehad.)

Ik heb altijd willen weten hoe dingen werken en ik haalde van alles uit elkaar om te zien hoe het precies functioneerde, maar ik was niet zo goed in het weer in elkaar zetten ervan. Mijn praktische vaardigheden waren nooit zo goed als mijn theoretische talent. Mijn vader moedigde mijn belangstelling voor wetenschap aan en wilde heel graag dat ik naar Oxford of Cambridge ging. Zelf had hij het University College van Oxford bezocht en dus vond hij dat ik daar ook terecht moest zien te komen. Op dat moment had het University College geen medewerker wiskunde, het vak dat ik wilde studeren, en dus had ik weinig andere mogelijkheden dan te proberen een beurs te krijgen voor natuurwetenschappen. Het was voor mij een grote verrassing dat ik daarin nog slaagde ook.

De heersende houding aan Oxford in die tijd was er een van helemaal niks doen. Je werd als student geacht briljant te zijn zonder enige inspanning of je beperkingen te aanvaarden en genoegen te nemen met een graad van de vierde klasse, de laagste graad om te slagen, als uitkomst van je tentamens. Ik beschouwde dit als een uitnodiging om heel weinig uit te voeren. Daar ben ik niet trots op, ik beschrijf alleen maar mijn houding van dat moment, die door de meeste van mijn medestudenten werd gedeeld. Een van de gevolgen van mijn ziekte was, dat dat totaal veranderde. Als je wordt geconfronteerd met de mogelijkheid van een vroege dood, ga je beseffen dat er een heleboel dingen zijn die je wilt doen voordat je leven voorbij is.

Omdat ik niet had gewerkt, had ik gedacht het afsluitende tentamen te halen door de vragen te ontwijken waarvoor feitenkennis nodig was en me in plaats daarvan te richten op problemen in de theoretische natuurkunde. Maar de nacht voor dat tentamen had ik niet geslapen en het ging dus ook niet erg goed. Ik zat op de grens tussen de graad voor de eerste klasse (cum laude) en die voor de tweede (ruim voldoende) en moest worden overhoord door de examinatoren om te bepalen welke het zou worden. In dat gesprek vroegen ze me naar mijn toekomstplannen. Ik antwoordde dat ik onderzoek wilde gaan doen. Als ze me een eersteklasgraad zouden geven, dan zou ik naar Cambridge gaan, kreeg ik slechts een tweedeklasgraad, dan bleef ik in Oxford. Ze gaven me een eersteklasgraad.

Het college van Oxford bood voor de lange vakantie die volgde op het afsluitende examen, een aantal kleine reisbeurzen aan. Ik dacht dat mijn kans om er een van te krijgen, groter zou zijn naarmate ik verder weg zou gaan en ik zei daarom dat ik naar Iran wilde. In de zomer van 1962 nam ik de trein naar Istanboel, van daar naar Erzerum in Oost-Turkije, toen de grens over naar Tabriz, Teheran, Isfahan, Shiraz en Persepolis, in de oudheid de hoofdstad van de Perzische koningen. Op de terugweg werden mijn reisgenoot Richard Chiin en ik getroffen door de aardbeving van Buin Zahra, een geweldige aardschok met een kracht van 7,1 op de schaal van Richter waarbij meer dan 12.000 mensen omkwamen. Ik moet vlak bij het epicentrum zijn geweest, maar heb er niets van gemerkt omdat ik ziek was en in een bus zat die hobbelde over de Iraanse wegen, die toen verre van vlak waren.

Daarna brachten we een paar dagen door in Tabriz, waar ik herstelde van een zware aanval van dysenterie en van een gebroken rib, die ik had opgelopen toen ik in de bus tegen een stoel voor me werd gesmeten, en al die tijd wisten we nog steeds niets van de natuurramp, omdat we geen woord Farsi spraken. Pas toen we weer in Istanboel waren, hoorden we wat er was gebeurd. Ik stuurde een kaart naar mijn ouders, die tien dagen doodsbang hadden afgewacht; het laatste wat zij hadden gehoord, was dat ik op de dag van de aardbeving uit Teheran was vertrokken richting rampgebied. Ondanks die aardschok heb ik veel tedere herinneringen aan mijn tijd in Iran. Grote nieuwsgierigheid naar de wereld kan iemand in gevaar brengen, maar dit was vermoedelijk de enige keer in mijn leven dat dat ook voor mij gold.

Ik was twintig toen ik in oktober 1962 aankwam aan de faculteit toegepaste wiskunde en theoretische natuurkunde in Cambridge. Ik had verzocht te mogen studeren onder Fred Hoyle, de beroemdste Britse astronoom van die tijd. Ik zeg astronoom, aangezien kosmologie toen nauwelijks als een volwaardig wetenschapsterrein werd beschouwd. Maar Hoyle had al voldoende studenten en tot mijn grote teleurstelling werd ik toegewezen aan Dennis Sciama, van wie ik nog nooit had gehoord. Het was echter wel zo goed dat ik geen student van Hoyle was geworden, aangezien ik dan de richting zou zijn opgeduwd van de *steady-state*-theorie, die stelt dat het heelal er altijd al geweest was en altijd zou blijven uitdijen; het verdedigen van die theorie zou echter moeilijker zijn dan onderhandelen over de Brexit. Ik begon mijn werkzaamheden met het lezen van oude studieboeken over de algemene relativiteitstheorie, zoals altijd nieuwsgierig naar de grootste vragen.

Sommigen van jullie zullen in de film waarin Eddie Redmayne een bijzonder knappe versie van mij speelt, wel hebben gezien dat ik in mijn derde jaar aan Oxford merkte dat ik steeds onhandiger leek te worden. Af en toe viel ik en begreep niet hoe dat kwam en ik merkte dat ik niet meer zo goed kon roeien. Iets was niet in orde, dat was wel duidelijk. En ik vond het niet leuk dat een dokter in die tijd tegen me zei dat ik maar geen bier meer moest drinken.

De winter na mijn aankomst in Cambridge was bijzonder koud. De vrije dagen rondom Kerstmis bracht ik thuis door waar mijn moeder me overhaalde om te gaan schaatsen op het meer in St. Albans, ook al voelde ik me niet fit. Ik viel en kon slechts met veel moeite weer overeind komen. Nu besefte mijn moeder dat er iets niet in de haak was en ze bracht me naar de dokter.

Ik lag enkele weken in St. Bartolomew's Hospital in Londen, waar ze allerlei tests deden. Het was begin 1963 en die tests waren nog een stuk primitiever dan nu. Er werd een stukje spierweefsel uit mijn arm gehaald, er werden elektroden in me geprikt en er werd een vloeistof in mijn ruggengraat gespoten waar röntgenstralen niet doorheen kunnen dringen en waar de dokters naar keken terwijl het bed op en neer bewogen werd. Ze hebben me nooit rechtstreeks verteld wat er mis was, maar ik raadde voldoende om te weten dat het er behoorlijk slecht uitzag, en dus wilde ik er niet naar vragen. Uit de gesprekken van de dokters had ik afgeleid dat het, wat 'het' ook was, alleen maar erger zou worden en dat ze niets anders konden doen dan me vitaminen voorschrijven. En de arts die de tests uitvoerde, trok zijn handen van me af en ik heb hem nooit meer gezien.

Op een gegeven moment moet ik hebben gehoord dat de diagnose amyotrofe laterale sclerose of ALS was, een ziekte waarbij de zenuwcellen van de hersenen en het ruggenmerg afsterven en littekenweefsel achterlaten of verharden. Ook hoorde ik dat mensen met deze ziekte geleidelijk de beheersing verliezen om te bewegen, te praten, te eten en uiteindelijk om adem te halen.

Mijn ziekte verliep heel snel. Uiteraard werd ik depressief en zag ik niet in waarom ik het onderzoek voor mijn proefschrift voort zou zetten, omdat ik niet wist of ik wel lang genoeg zou leven om het af te ronden. Maar toen leek de voortgang van mijn ziekte te vertragen en werd ik opnieuw gegrepen door mijn werk. Nadat mijn toekomstverwachtingen tot nul waren gereduceerd, werd iedere dag een bonus en begon ik steeds meer te waarderen wat ik wel had. Zolang er leven is, is er hoop.

En natuurlijk was er ook een jongedame bij betrokken, Jane, die ik op een feestje had ontmoet. Ze was vastbesloten dat we mijn aandoening samen konden bestrijden. Haar vertrouwen gaf mij hoop. Mijn humeur klaarde op toen we ons verloofden en ik besefte dat ik, als we zouden trouwen, wel een baan moest zien te krijgen en mijn proefschrift moest voltooien. En zoals altijd werd ik door die grote vragen voortgedreven. Ik begon hard te werken en genoot ervan.

Om mezelf tijdens mijn studie te kunnen onderhouden, solliciteerde ik naar een onderzoeksbaan aan het Gonville & Caius College. Tot mijn grote verrassing werd ik uitgekozen en sindsdien ben ik medewerker van Caius. De betrekking was een keerpunt in mijn leven. Het betekende dat ik mijn onderzoek voort kon zetten ondanks mijn toenemende invaliditeit. Ook betekende het dat Jane en ik konden trouwen, en dat deden we dan ook in juli 1965. Ons eerste kind, Robert, werd geboren nadat we ongeveer twee jaar getrouwd waren. Drie jaar later werd ons tweede kind geboren, Lucy. Ons derde kind, Timothy, kwam in 1979 ter wereld.

Als vader zou ik altijd blijven benadrukken hoe belangrijk het stellen van vragen is. Mijn zoon Tim vertelde eens in een interview het verhaal over een vraag die hij stelde waarvan hij, geloof ik, dacht dat die een beetje dom was. Hij wilde weten of er hier en daar nog een heleboel kleine heelallen bestonden. Ik vertelde hem dat hij nooit bang moest zijn om met een idee of hypothese te komen, hoe dwaas (zijn woord, niet het mijne) die ook lijkt.

•

De grote vraag binnen de kosmologie begin jaren 1960 was of het heelal een begin had. Veel wetenschappers waren gevoelsmatig tegen het idee, omdat ze dachten dat iets van een schepping het einde zou zijn van de wetenschap. Daar zou men een beroep moeten doen op religie en de hand van God om te bepalen hoe het heelal dan wel was begonnen. Dit was duidelijk een fundamentele vraag en dat was precies wat ik nodig had om mijn proefschrift te voltooien.

Roger Penrose had aangetoond dat, als een stervende ster eenmaal voorbij een zeker punt implodeert, er onvermijdelijk een singulariteit ontstaat, dat wil zeggen een punt waarin een einde komt aan ruimte en tijd. Zeker, dacht ik, we weten al dat niets kan voorkomen dat een enorm zware koude ster onder zijn eigen zwaartekracht ineen zal storten totdat hij een singulariteit bereikt van oneindige dichtheid. In dit geval kon ik bewijzen dat er singulariteiten bestaan waar de ruimtetijd een begin had.

Dat eurekamoment kwam in 1970, enkele dagen na de geboorte van mijn dochter Lucy. Terwijl ik me op een avond klaarmaakte om naar bed te gaan, een door mijn handicap langdurig proces, besefte ik dat ik de theorie over de toevallige structuur die ik voor de stelling over singulariteiten had ontwikkeld, ook toe kon passen op zwarte gaten. Als de algemene relativiteitstheorie correct is en de energiedichtheid positief is, dan heeft het oppervlaktegebied van een waarnemingshorizon – de grens van een zwart gat – de eigenschap dat het altijd groter wordt als er meer materie of straling in valt. En als twee zwarte gaten met elkaar in botsing komen en samen een nieuw zwart gat vormen, dan zal het gebied van de waarnemingshorizon rondom dat nieuwe zwarte gat groter zijn dan de som van de waarnemingshorizonnen rondom de twee oorspronkelijke zwarte gaten.

Dit was een gouden tijd waarin we de meeste van de grote problemen met de theorie van de zwarte gaten hebben opgelost, zelfs nog voordat het bestaan van zwarte gaten met waarnemingen bewezen was. We hadden eigenlijk zoveel succes met de klassieke algemene relativiteitstheorie dat ik in 1973 na de publicatie met

George Ellis van het boek *The Large Scale Structure of Space-Time* even niets omhanden had. Mijn werk met Penrose had aangetoond dat de algemene relativiteitstheorie niet meer gold voor singulariteiten en de voor de hand liggende volgende stap was nu om de algemene relativiteitstheorie, de theorie over het heel grote, te combineren met de kwantumtheorie, de theorie over het heel kleine. Kunnen er, zo vroeg ik me met name af, atomen bestaan waarvan de kern een heel klein oer-zwart gat is, gevormd in het vroege heelal? Mijn onderzoek onthulde een sterke en tot dan toe onverwachte relatie tussen zwaartekracht en aerodynamica, de wetenschap van warmte, en maakte een einde aan een paradox waar dertig jaar over was gediscussieerd zonder veel vooruitgang: hoe kon de straling van een krimpend zwart gat alle informatie in zich dragen over het ontstaan van het zwarte gat? Ik ontdekte dat die informatie niet verloren gaat, maar niet terugkeert op een bruikbare manier – ongeveer zoals het verbranden van een encyclopedie, waarvan de rook en de as behouden blijven.

Om de vraag te kunnen beantwoorden, bestudeerde ik hoe kwantumvelden van deeltjes zich vanaf een zwart gat zouden verspreiden. Ik verwachtte dat een deel van een inkomende golf geabsorbeerd zou worden en de rest verspreid. Maar tot mijn grote verrassing zag ik dat er straling uit het zwarte gat zelf leek te komen. Eerst dacht ik dat ik een vergissing had gemaakt in mijn berekening. Maar wat me ervan overtuigde dat de straling werkelijk bestond, was dat de straling precies zo groot was als vereist om het gebied van de waarnemingshorizon te bepalen met de entropie van een zwart gat. Het is samen te vatten in de eenvoudige formule, $S=\frac{Akc^3}{4G\hbar}$ die de entropie uitdrukt in termen van het gebied van de waarnemingshorizon en de drie fundamentele constanten van de natuur: A (de oppervlakte van het gebied), c (de lichtsnelheid), G (Newtons gravitatieconstante) en $\hbar$(de planckconstante). De straling wordt de hawkingstraling genoemd en ik ben trots dat ik die heb ontdekt. Maar later meer hierover.

In 1974 werd ik gekozen tot lid van The Royal Society. Die uitverkiezing kwam voor medewerkers aan mijn faculteit als een verrassing, omdat ik nog zo jong was en niet meer dan een nederige onderzoeksassistent. Maar binnen drie jaar werd ik benoemd tot hoogleraar. Mijn werk aan zwarte gaten had me de hoop gegeven dat we de 'theorie van alles' konden ontdekken, en de zoektocht naar die zogenaamde unificatietheorie bleef me bezighouden.

In datzelfde jaar nodigde mijn vriend Kip Thorne ons en een aantal anderen die aan de algemene relativiteitstheorie werkten, uit om naar het California Institute of Technology (Caltech) te komen. Ik zat toen al vier jaar in een gewone rolstoel en in een blauwe, elektrische driewieler, die net zo snel reed als een langzame fiets en waarin ik soms passagiers meenam, wat verboden was. In Californië verbleven we in een huis in koloniale stijl dat eigendom was van Caltech en niet ver van de campus stond en daar gebruikte ik de elektrische rolstoel voor het eerst. Daarmee kreeg ik een behoorlijke mate van onafhankelijkheid, ook al omdat gebouwen en trottoirs in de Verenigde Staten veel beter zijn aangepast aan gehandicapten dan in Groot-Brittannië.

Toen we in 1975 terugkeerden van Caltech, voelde ik me in eerste instantie terneergeslagen. Alles leek zo bekrompen vergeleken met de *can do*-houding in Amerika. Op dat moment stond het landschap vol kale bomen, doodgegaan aan de iepziekte, en overal reden trikes. Maar mijn humeur klaarde weer op dankzij nieuw succes in mijn werk en in 1979 kreeg ik het Lucasian Professorship of Mathematics, een leerstoel die eerder bekleed was door Sir Isaac Newton en Paul Dirac.

In de jaren 1970 had ik voornamelijk gewerkt aan zwarte gaten, maar mijn belangstelling voor de kosmologie werd nieuw leven ingeblazen door de veronderstelling dat het vroege heelal een periode had gekend van een zeer snelle uitdijing, waarin de omvang met steeds groter wordende snelheid toenam, zo ongeveer als de prijzen zijn gestegen dankzij de Brexit. Ook werkte ik enige tijd samen met Jim Hartle, met wie ik een stelling formuleerde over het ontstaan van het heelal, die we de '*no-boundary*-stelling' noemden.

Begin jaren 1980 bleef mijn gezondheid maar achteruitgaan en leed ik aan langdurige aanvallen van verstikking omdat mijn strottenhoofd steeds zwakker werd en er bij het eten voedsel in mijn longen kwam. Tijdens een tochtje naar CERN, het Europese Centrum voor Kernonderzoek in Zwitserland in 1985, liep ik een longontsteking op. Dit was een indringende gebeurtenis. Ik werd naar het Luzerner Kantonsspital gebracht en daar aan een beademingsapparaat gelegd. De artsen vertelden Jane dat mijn ziekte een stadium had bereikt waarin niets meer kon worden gedaan en stelden haar voor dat ze het beademingsapparaat zouden afzetten zodat er een einde aan mijn leven kwam. Maar Jane weigerde en liet me met een ambulancevliegtuig terugbrengen naar Cambridge, waar ik werd opgenomen in Addenbrooke's Hospital.

Zoals je je kunt voorstellen was dit een bijzonder moeilijke tijd voor me, maar gelukkig deden de artsen van Addenbrooke's hun uiterste best om me weer op te lappen en in de conditie te brengen die ik had voordat ik naar Zwitserland ging. Echter, omdat er door mijn strottenhoofd nog steeds voedsel en speeksel in mijn longen kon sijpelen, moesten ze een tracheotomie verrichten. De meesten van jullie zullen wel weten dat een tracheotomie, dat wil zeggen het aanbrengen van een buisje in de luchtpijp, je spraakvermogen wegneemt. Je stemgeluid is erg belangrijk. Als je onduidelijk gaat praten, zoals ik deed, dan kunnen mensen gaan denken dat er geestelijk iets mis met je is en je zo gaan behandelen. Voor de tracheotomie was mijn spraak zo onverstaanbaar geworden dat alleen mensen die me goed kenden, me nog begrepen. Mijn kinderen begrepen me gelukkig ook nog wel. Na de tracheotomie kon ik een tijdlang alleen duidelijk maken wat ik wilde zeggen door de letters te spellen, dat wil zeggen door mijn wenkbrauwen op te trekken als iemand op een spellingkaart de letter aanwees die ik had willen zeggen.

Gelukkig hoorde een computerspecialist in Californië, Walt Woltosz, van mijn problemen. Hij stuurde me een computerprogramma dat hij had geschreven, genaamd Equalizer. Hiermee kon ik hele woorden selecteren uit een lijst menu's op een computerscherm op mijn rolstoel, door een schakelaar in mijn hand in te drukken. In de jaren daarna is het programma steeds verder ontwikkeld. Nu gebruik ik het programma Acat, ontwikkeld door Intel, dat ik met bewegingen van mijn wangen bestuur via een kleine sensor in mijn bril. Het bevat een mobiele telefoon, waardoor ik toegang heb tot het internet. Ik kan wel stellen dat ik de meest verbonden persoon ter wereld ben. Ik heb de oorspronkelijke speech synthesizer echter ook bewaard, deels omdat ik er geen ken met een betere dictie, en deels omdat ik me heb geïdentificeerd met zijn stem, ondanks het Amerikaanse accent.

De eerste keer dat ik het idee kreeg om een boek voor een breed publiek te schrijven, was in 1982, rond de tijd van mijn no-boundary-stelling. Ik dacht dat ik een bescheiden bedrag kon verdienen om mijn kinderen op school te helpen onderhouden en bij te dragen aan de stijgende kosten van mijn verzorging, maar de voornaamste reden was dat ik wilde uitleggen hoever we volgens mij waren met het begrijpen van het heelal: hoe we misschien niet ver meer af waren van een totale theorie die het hele heelal zou beschrijven en alles wat zich daarin bevindt. Niet alleen is het belangrijk om vragen te stellen en de antwoorden te vinden, als geleerde voel ik me ook verplicht de wereld te laten weten wat we aan het ontdekken waren.

Het was heel toepasselijk dat *A Brief History of Time* verscheen op 1 april, gekkendag, 1988. De oorspronkelijke titel zou luiden *From the Big Bang to Black Holes, a Short History of Time*. De titel werd ingekort en 'short' werd veranderd in 'brief', de rest is geschiedenis.

Ik had nooit gedacht dat *A Brief History of Time* zo goed verkocht zou worden. Ongetwijfeld heeft het humaninterestverhaal over hoe ik het voor elkaar heb gekregen om ondanks mijn handicap, theoretisch natuurkundige te worden en schrijver van een bestseller, hieraan bijgedragen. Misschien dat niet iedereen het heeft uitgelezen of alles heeft begrepen, maar de lezers probeerden althans een van de grote vragen van ons bestaan te doorgronden en kregen het idee dat we leven in een heelal dat door rationele wetten wordt beheerst die we, via de wetenschap, kunnen achterhalen en begrijpen.

Voor mijn collega's ben ik gewoon een natuurkundige, maar voor het grote publiek ben ik mogelijk de bekendste geleerde van de wereld geworden. Dat komt deels omdat wetenschappers, op Einstein na, geen algemeen bekende rocksterren zijn en deels omdat ik pas in het beeld van het gehandicapte genie. Ik kan me wel vermommen met een pruik en zonnebril, maar de rolstoel verraadt me. Zo bekend zijn en zo herkenbaar heeft zo zijn voor- en nadelen, maar de nadelen worden ver overtroffen door de voordelen. Mensen lijken echt blij me te zien. Het grootste publiek dat ik ooit heb gehad, was toen ik de publiekstrekker was op de Paralympische Spelen van Londen in 2012.

•

Ik heb een buitengewoon leven geleid op deze planeet terwijl ik tegelijkertijd door het heelal reisde door mijn hersenen en de wetten van de natuurkunde te gebruiken. Ik ben in de verste uithoeken van onze Melkweg geweest, ben een zwart gat binnengegaan en daarin teruggereisd naar het begin van tijd. Op aarde heb ik hoogte- en dieptepunten gekend, drukke en vreedzame tijden, succes en lijden. Ik ben rijk en arm geweest, gezond en gehandicapt. Ik ben geprezen en bekritiseerd, maar nooit genegeerd. En ik heb het enorme voorrecht gehad om door mijn werk een bijdrage te hebben kunnen leveren aan ons inzicht in het heelal. Maar het zou werkelijk een leeg heelal zijn geweest als er geen mensen waren van wie ik houd en die van mij houden. Zonder hen zou het verbazingwekkende van alles me volledig zijn ontgaan.

En ten slotte is het feit dat wij mensen, die zelf slechts verzamelingen zijn van fundamentele natuurdeeltjes, in

Waarvan droomde je toen je kind was en is het uitgekomen?

Ik wilde een groot geleerde worden. Maar op school was ik geen heel goede leerling en ik behoorde zelden tot de beste helft van de klas. Mijn werk was slordig en mijn handschrift was niet erg netjes. Maar ik had vriendjes op school. En we spraken over van alles en nog wat en vooral over de oorsprong van het heelal. Hier begon mijn droom en ik prijs me bijzonder gelukkig dat die is uitgekomen.

staat zijn de wetten die ons en het heelal beheersen, te begrijpen, een grote triomf. Ik wil mijn opwinding over die grote vragen en mijn enthousiasme over de zoektocht naar de antwoorden met iedereen delen.

Ik hoop dat we op een dag de antwoorden op al deze vragen weten. Maar er zijn andere uitdagingen, andere grote vragen op onze planeet die beantwoord moeten worden, en die hebben een nieuwe generatie nodig die belangstelling heeft, betrokken is en iets van wetenschap begrijpt. Hoe gaan we de almaar groeiende wereldbevolking voeden? Voor schoon water zorgen, duurzame energie opwekken, ziekten voorkomen en genezen en de wereldwijde klimaatverandering afremmen? Ik hoop dat wetenschap en technologie de antwoorden op deze vragen gaan geven, maar er zijn mensen nodig met kennis en begrip om de oplossingen te implementeren. Laten we ervoor vechten dat iedere vrouw en iedere man de gelegenheid krijgt om een gezond en veilig leven te leiden, vol kansen en liefde. We zijn allemaal tijdreizigers, samen op weg naar de toekomst. Maar laten we samen werken aan die toekomst, een plaats waar we naartoe willen.

Wees dapper, nieuwsgierig, vastbesloten, overkom de tegenslagen. Het kan.

1

BESTAAT ER EEN GOD?

De wetenschap geeft steeds vaker antwoorden op vragen die altijd op het terrein van de godsdienst hebben gelegen. Godsdienst was een vroege poging om vragen te beantwoorden die we allemaal stellen: waarom zijn wij hier, waar komen we vandaan? Lang geleden was het antwoord elke keer hetzelfde: God heeft alles gemaakt. De wereld was een angstaanjagende plaats, dus zelfs stoere mensen als de Vikingen geloofden in bovennatuurlijke wezens om natuurverschijnselen te kunnen verklaren als de bliksem, donder en zonsverduisteringen. Tegenwoordig geeft de wetenschap betere en samenhangender antwoorden, maar mensen zullen zich altijd aan een godsdienst vasthouden omdat die troost biedt, terwijl ze wetenschap niet vertrouwen of niet begrijpen.

Een paar jaar geleden stond er een kop op de voorpagina van *The Times* die luidde: '"God heeft het universum niet geschapen," aldus Hawking.' Er stond een illustratie bij het artikel, een tekening van Michelangelo, van een kwaad kijkende God. En een foto van mij met zelfvoldane blik. Het leek wel een duel tussen ons. Maar ik heb helemaal niets tegen God. Ik wil niet de indruk wekken dat ik met mijn werk het bestaan van God wil bewijzen of ontkrachten. Mijn werk gaat om het vinden van een rationeel kader om het heelal te begrijpen.

Eeuwenlang werd geloofd dat gehandicapte mensen zoals ik vervloekt waren door God. Nou ja, ik veronderstel dat het mogelijk is dat ik iemand daarboven boos heb gemaakt, maar ik denk toch liever dat alles op andere wijze kan worden verklaard, namelijk met natuurwetten. Als je in wetenschap gelooft, zoals ik, dan geloof je dat er bepaalde wetten zijn waar alles zich altijd aan houdt. Als je wilt, kun je wel zeggen dat die wetten het werk zijn van God, maar dat is meer een definitie van God dan een bewijs van zijn bestaan. Rond 300 v.Chr. raakte de filosoof Aristarchus geboeid door verduisteringen, vooral door maansverduisteringen. Hij was dapper genoeg om de vraag te stellen of die echt wel door de goden werden veroorzaakt. Aristarchus was een echte wetenschapspionier. Hij bestudeerde de hemel nauwlettend en kwam tot een eenduidige conclusie: hij begreep dat de verduistering in werkelijkheid de schaduw van de aarde was die op de maan viel, en niet een of ander goddelijk verschijnsel. Bevrijd door deze ontdekking was hij in staat uit te werken wat er nu werkelijk boven zijn hoofd allemaal gebeurde en hij maakte tekeningen waaruit de werkelijke relatie tussen zon, aarde en maan bleek. Vanaf dat punt trok hij zelfs nog opmerkelijker conclusies. Hij leidde eruit af dat de aarde niet het centrum van het heelal is, zoals iedereen toen dacht, maar dat die in plaats daarvan rond de zon draait. En begrijpen hoe dat in elkaar zit, verklaart alle verduisteringen. Als de maan haar schaduw op aarde werpt, dan is er sprake van een zonsverduistering. En als de aarde haar schaduw op de maan werpt, dan noemen we dat een maansverduistering. Ook suggereerde hij dat sterren geen gaten zijn in de bodem van de hemel, zoals zijn tijdgenoten geloofden, maar dat het andere zonnen zijn zoals de onze, alleen veel verder weg. Wat een verbijsterend inzicht moet dat zijn geweest. Het heelal is een machine die wordt bestuurd door principes of wetten, wetten die door het menselijk verstand begrepen kunnen worden.

Volgens mij is de ontdekking van deze wetten de grootste prestatie van de mensheid, want het zijn deze wetenschappelijke of natuurwetten, zoals we ze meestal noemen, die ons zullen vertellen of we een god nodig hebben om het heelal te verklaren. De natuurwetten zijn een beschrijving van hoe dingen in verleden, heden en toekomst hebben gewerkt, werken en zullen werken. Bij het tennissen komt de bal altijd precies daar terecht waar die wetten zeggen dat hij terecht zal komen. En er zijn nog zoveel andere wetten werkzaam hier. Ze bepalen alles wat er gebeurt, van hoe de energie van de slag in de spieren van de spelers wordt opgewekt tot de snelheid waarmee het gras onder hun voeten groeit. Maar wat echt belangrijk is, is dat deze natuurwetten niet alleen onveranderlijk zijn, maar ook universeel. Ze zijn niet alleen van toepassing op de vlucht van een bal, maar ook op de bewegingen van een planeet en al het andere in het heelal. In tegenstelling tot de wetten die door de mens zijn gemaakt, kunnen natuurwetten niet overtreden worden. Juist daarom zijn ze zo krachtig en, gezien vanuit godsdienstig oogpunt, ook zo controversieel.

Als je aanvaardt, zoals ik, dat de natuurwetten vastliggen, dan duurt het niet lang voordat je de vraag stelt: welke rol speelt God hierin? Dit maakt een groot deel uit van de tegenstelling tussen wetenschap en godsdienst, en hoewel mijn visie daarop de krantenkoppen heeft gehaald, is het feitelijk een eeuwenoud conflict. Men kan God definiëren als de belichaming van de natuurwetten. Dit is echter niet zoals de meeste mensen denken over God. Zij denken aan een mensachtig wezen, met wie je een persoonlijke band kunt hebben. Als je naar de enorme omvang van het heelal kijkt en in ogenschouw neemt hoe onbetekenend en toevallig het menselijk leven is, dan lijkt dat hoogst onwaarschijnlijk.

Ik gebruik het woord 'God' in onpersoonlijke zin, net als Einstein deed, voor de natuurwetten, dus het kennen van Gods denken is het kennen van de natuurwetten. Ik voorspel dat we tegen het einde van deze eeuw Gods denkwijze kennen.

Het enige terrein waar godsdienst nog iets over te

zeggen kan hebben, is dat van de oorsprong van het heelal, maar zelfs hier maakt de wetenschap vorderingen en zou binnenkort al een definitief antwoord moeten kunnen geven op de vraag hoe het heelal is begonnen. Ik heb een boek geschreven over de vraag of God het heelal geschapen heeft, dat enige beroering heeft gewekt. Mensen werden boos om het idee dat een geleerde iets te zeggen zou hebben over godsdienstige zaken. Ik heb niet de behoefte iemand te vertellen wat hij of zij moet geloven, maar ik vind de vraag of God bestaat voor de wetenschap een geldige vraag. Per slot van rekening valt het niet mee om een belangrijker, of fundamenteler mysterie te bedenken dan wat of wie het heelal heeft geschapen en nu beheerst.

Volgens mij is het heelal spontaan ontstaan uit niets, helemaal volgens de wetten van de wetenschap. Het heeft geen begin en geen einde. De basisaanname van wetenschap is wetenschappelijk determinisme. De wetten van de wetenschap, de natuurwetten, determineren de ontwikkeling van het heelal, gegeven zijn staat op enig moment. Deze wetten kunnen al dan niet zijn afgekondigd door God, maar hij kan er niets aan doen, anders zouden het geen wetten zijn. Dan blijft voor God alleen nog de vrijheid over om het allereerste stadium van het heelal te bepalen, maar het lijkt alsof zelfs daar wetten heersen. God zou dan dus geen enkele vrijheid hebben.

Ondanks de complexiteit en de verscheidenheid binnen het heelal of het universum of de kosmos, wat je wilt, is gebleken dat je voor het maken ervan slechts drie ingrediënten nodig hebt. Laten we ons eens voorstellen dat we ze op konden sommen in een of ander kosmisch kookboek. Dus wat zijn de drie ingrediënten die we nodig hebben om een heelal te bereiden? Het eerste is materie: iets met massa. Massa is overal om ons heen, in de grond onder onze voeten maar ook in de ruimte. Stof, steen, ijs, vloeistof. Enorme gaswolken, geweldige spiraalvormige sterrenstelsel met in ieder miljarden zonnen, die zich over ongelooflijke afstanden uitstrekken.

Het tweede dat je nodig hebt, is energie. Ook al heb je er nog nooit over nagedacht, je weet beslist wat energie is. Iets dat we dagelijks tegenkomen. Kijk naar de zon en je voelt het op je gezicht: energie die geproduceerd wordt door een ster op 150 miljoen kilometer bij ons vandaan. Energie doordrenkt het heelal, houdt de processen gaande die van het heelal een dynamische, eindeloos veranderende plaats maken.

Dus we hebben materie en we hebben energie. Het derde ingrediënt dat we nodig hebben om een heelal te kunnen maken, is ruimte. Heel veel ruimte. Je kunt veel zeggen van het heelal – dat het geweldig is, prachtig, gewelddadig – maar wat je niet kunt zeggen, is dat het krap is. Waar we ook kijken, overal zien we ruimte, meer ruimte, nog meer ruimte. Die zich naar alle kanten uitstrekt. Dat is voldoende om je hoofd te laten tollen. Maar waar zijn al deze materie, energie en ruimte vandaan gekomen? Tot in de twintigste eeuw hadden we geen flauw benul.

Het antwoord volgde uit de inzichten van één man, vermoedelijk de uitzonderlijkste geleerde die ooit heeft geleefd. Dat was Albert Einstein. Jammer genoeg heb ik hem nooit ontmoet, ik was pas dertien toen hij doodging. Einstein besefte iets heel bijzonders: twee van de ingrediënten om een heelal te maken – massa en energie – zijn eigenlijk hetzelfde, het zijn twee kanten van dezelfde medaille zo je wilt. Zijn beroemde vergelijking $E=mc^2$ betekent niets anders dan dat je massa kunt beschouwen als een soort energie en andersom. Dus kunnen we nu zeggen dat het universum niet bestaat uit drie ingrediënten, maar uit slechts twee: energie en ruimte. Maar waar kwamen al deze energie en ruimte dan vandaan? Het antwoord kwam na tientallen jaren wetenschappelijk onderzoek: ruimte en energie ontstonden spontaan tijdens een gebeurtenis die we nu de Big Bang noemen, de oerknal.

Op het moment van de oerknal ontstond het hele heelal en daarmee ook de ruimte. Het zwol op, net als een ballon die wordt opgeblazen. Maar waar kwamen al deze energie en ruimte dan echt vandaan? Hoe kan een heel universum vol energie, die enorme uitgestrektheid van de ruimte met alles daarin, nu eenvoudigweg ontstaan uit niets?

Voor sommigen komt God hier weer in beeld. Het was God die de energie en de ruimte schiep. De oerknal was het moment van de schepping. Maar de wetenschap zegt iets anders. Volgens mij, en hier loop ik het risico dat ik mezelf in moeilijkheden breng, kunnen we de natuurverschijnselen die de Vikingen zo bang maakten, nu veel beter begrijpen. We kunnen zelfs verder gaan dan de prachtige symmetrie van energie en materie die Einstein ontdekte. We kunnen de natuurwetten gebruiken om op zoek te gaan naar de oorsprong van het heelal en erachter komen of het bestaan van God de enige manier is om die te verklaren.

In de tijd vlak na de Tweede Wereldoorlog in het Engeland waarin ik opgroeide, heerste schaarste. We kregen te horen dat je nooit iets voor niets kreeg. Maar nu, na een leven lang te hebben gewerkt, denk ik eigenlijk dat je een heel heelal voor niets kunt krijgen.

Het grote raadsel in de kern van de oerknal is dat verklaard moet worden hoe zo'n geweldig uitgestrekt heelal van ruimte en energie kan ontstaan uit niets. Het geheim zit hem in een van de merkwaardigste feiten over onze kosmos. De wetten van de natuurkunde eisen het bestaan van iets wat we 'negatieve energie' noemen.

Laat me je, om je enigszins vertrouwd te maken met dit vreemde maar cruciale concept, een eenvoudige analogie voorleggen. Stel je een man voor die een bergje op wil werpen op een vlak stuk land. Dat bergje staat voor het heelal. Om het bergje op te kunnen werpen, graaft hij een gat in de grond. Hij maakt dus niet alleen een berg, hij maakt ook een kuil, en dat is eigenlijk een negatieve uitvoering van die berg. De grond die lag waar nu de kuil is, is berg geworden, dus alles is in evenwicht. Dit is het principe achter wat er aan het begin van het heelal gebeurde.

Toen de oerknal een enorme hoeveelheid positieve energie produceerde, produceerde hij tegelijkertijd dezelfde hoeveelheid negatieve energie. Positieve en de negatieve energie zijn samen nul, altijd. Positief en negatief heffen elkaar op. Dat is een natuurwet.

Maar waar is dan al die negatieve of donkere energie op dit moment? Die zit in het derde ingrediënt van ons kosmische kookboek: in de ruimte. Het klinkt misschien raar maar volgens de natuurwetten betreffende zwaartekracht en beweging, wetten die tot de oudste natuurwetten behoren, is de ruimte zelf een enorme hoeveelheid donkere energie. Voldoende om ervoor te zorgen dat alles samen nul is.

Ik geef toe dat dit, als wiskunde niet jouw ding is, moeilijk te bevatten is, maar zo zit het wel. Het eindeloze web van miljarden en miljarden sterrenstelsels, die allemaal aan elkaar trekken door de gravitatie of zwaartekracht, gedraagt zich als een gigantisch opslagapparaat. Het heelal is als een enorme batterij waarin donkere energie is opgeslagen. De positieve kant van de zaak – de massa en de energie die we om ons heen waarnemen – is zoals dat bergje. De daarbij behorende kuil, de negatieve kant van de zaak, is door de ruimte verspreid.

Maar wat betekent dit voor onze speurtocht naar het bestaan van God? Het betekent dat, als de som van het heelal nul is, God niet nodig is geweest om het te scheppen. Het heelal hebben we helemaal gratis gekregen.

Aangezien we weten dat het positieve en het negatieve samen nul zijn, hoeven we alleen nog maar uit te zoeken wat – of moet ik zeggen wie – het hele proces ooit in gang heeft gezet. Wat kan het spontaan ontstaan van een heelal hebben veroorzaakt? Op het eerste gezicht is dit een ongelooflijk probleem; per slot van rekening ontstaat in ons dagelijks leven niets uit niets. Je kunt niet met je vingers knippen en zo een kop koffie tevoorschijn toveren als je er zin in hebt. Die zul je moeten maken van iets anders, zoals koffiebonen, water en misschien ook een beetje melk en suiker. Maar ga die kop koffie eens in, door de melkdeeltjes tot op atoomniveau, dan tot op subatomair niveau en je komt in een wereld waar iets oproepen uit niets wel degelijk mogelijk is. Althans, heel even. Dat komt doordat op deze schaal deeltjes als protonen zich gedragen volgens natuurwetten die we de kwantummechanica noemen. En ze kunnen echt willekeurig ontstaan, een tijdje rondhangen en dan weer verdwijnen, om ergens anders weer te verschijnen.

Aangezien we weten dat het heelal zelf ooit heel erg klein was, kleiner dan een proton, betekent dit iets opmerkelijks. Het betekent namelijk dat het heelal zelf, in al zijn verbijsterende uitgestrektheid en complexiteit, met een knal kan zijn ontstaan zonder de bekende natuurwetten te overtreden. Vanaf dat moment kwamen enorme hoeveelheden energie vrij bij het opzwellen van het heelal. Er moest een plaats ontstaan om al die donkere energie op te slaan om positief en negatief in evenwicht te houden, maar natuurlijk komt ook hier de vraag op: heeft God de kwantummechanica geschapen waardoor de oerknal heeft kunnen plaatsvinden? Anders gesteld: hebben we een god nodig die de theorie van de kwantummechanica opstelde zodat de oerknal kon knallen? Ik wil niemand die gelovig is kwetsen, maar naar mijn mening heeft de wetenschap een overtuigender verklaring dan een goddelijke schepper.

Wat er gebeurt in ons dagelijks leven leidt ons tot de conclusie dat alles wat er gebeurt, veroorzaakt moet zijn door iets wat eerder in de tijd gebeurde en het ligt dus voor de hand om te denken dat iets, misschien God, moet hebben veroorzaakt dat het heelal ontstond. Maar als we het hebben over het heelal als geheel, dan is dat niet per se zo. Laat me dat uitleggen. Stel je een rivier voor die langs een berghelling naar beneden stroomt. Wat heeft die rivier veroorzaakt? Nou ja, misschien wel de regen die eerder in de bergen viel. Maar dan is de vraag, wat heeft de regen veroorzaakt? Een goed antwoord is de zon, die op de zee scheen en waterdamp produceerde die opsteeg en wolken vormde. Maar wat heeft dan veroorzaakt dat de zon schijnt? Als we in de zon kijken, dan nemen we het fusieproces waar, waarin waterstofatomen fuseren en helium vormen, waarbij een enorme hoeveelheid energie vrijkomt. Niets aan de hand. Waar komt de waterstof vandaan? Antwoord: de oerknal. Maar dit is dus dat cruciale stukje. De natuurwetten zelf vertellen ons niet alleen dat het heelal zonder hulp kan zijn ontstaan, net als een proton, en dat daar niets voor nodig was in termen van energie, maar ook dat het mogelijk is dat niets de oerknal veroorzaakte. Niets.

De verklaring is te vinden in Einsteins theorieën en zijn inzichten in hoe ruimte en tijd in het heelal fundamenteel met elkaar zijn verstrengeld. Op het moment van de oerknal gebeurde er iets heel wonderlijks met tijd: de tijd begon.

Om dit verbijsterende idee te bevatten moet je eens denken aan een zwart gat dat in de ruimte zweeft. Een karakteristiek zwart gat is een ster die zo zwaar is geworden dat hij is geïmplodeerd. Het is zo zwaar dat zelfs licht niet aan zijn zwaartekracht kan ontsnappen, daarom is een zwart gat bijna volledig zwart. De kracht van de zwaartekracht is zo groot dat die niet alleen licht kromtrekt en verstoort, maar ook tijd. Om te begrijpen hoe dat kan, moet je je een klok voorstellen die erin gezogen wordt. Hoe dichter en dichter de klok bij het zwarte gat komt, hoe langzamer en langzamer hij gaat lopen. De tijd zelf vertraagt. Stel je dan nu die klok eens voor terwijl die in het zwarte gat verdwijnt – aangenomen natuurlijk dat hij de extreme zwaartekracht heeft kunnen weerstaan: dan zou hij ophouden met lopen. De klok staat niet stil omdat hij kapot is, maar omdat tijd in een zwart gat niet bestaat. En dat is precies de situatie aan het begin van het heelal.

De afgelopen honderd jaar hebben we spectaculaire vooruitgang geboekt in het begrijpen van het heelal.

Hoe past het bestaan van God in hoe u het begin en het einde van het heelal begrijpt? En als God bestond en u kreeg de kans hem te ontmoeten, wat zou u hem dan vragen?

De vraag is of de manier waarop het heelal begonnen is, door God gekozen is om redenen die we niet kunnen begrijpen, of dat die manier gedetermineerd is, dat wil zeggen bepaald, door een natuurwet. Ik geloof het laatste. Als je wilt, kun je de natuurwetten 'God' noemen, maar dan is het geen persoonlijke god die je zou kunnen ontmoeten en vragen stellen. Maar als er zo'n god was, dan zou ik hem willen vragen waarom hij in vredesnaam zoiets ingewikkelds heeft bedacht als de M-theorie in elf dimensies.

We kennen nu de wetten die bepalen wat er gebeurt in de meest extreme omstandigheden, zoals de oorsprong van het heelal of in zwarte gaten. De rol die tijd heeft gespeeld aan het begin van het heelal is volgens mij de uiteindelijke sleutel die we nodig hebben om de behoefte aan een Grote Ontwerper ongedaan te maken en te ontdekken hoe het heelal zichzelf geschapen heeft.

Terwijl we terugreizen in de tijd naar het moment van de oerknal, wordt het heelal kleiner en kleiner en kleiner, totdat we ten slotte op een punt komen waarin het hele heelal een zo kleine ruimte is dat het feitelijk een enkel oneindig klein, oneindig dicht zwart gat is. En net als met de zwarte gaten die in het heelal zweven, schrijven de natuurwetten iets buitengewoons voor. Ze zeggen ons dat ook hier de tijd zelf tot stilstand moet komen. Je kunt niet in een tijd voor de oerknal komen omdat er voor de oerknal geen tijd bestond. Eindelijk hebben we iets ontdekt dat geen oorzaak heeft, omdat er geen tijd was waarin een oorzaak kon bestaan. Voor mij betekent dit dat een schepper niet mogelijk is omdat er geen tijd bestond waarin die schepper zou hebben kunnen bestaan.

Mensen willen antwoorden op de grote vragen, zoals waarom we hier zijn. Ze verwachten niet dat het antwoord eenvoudig zal zijn en zijn dus bereid er enige moeite voor te doen. Als mensen mij vragen of een god het heelal geschapen heeft, dan antwoord ik dat de vraag zelf onzinnig is. Voor de oerknal bestond geen tijd en er was dus geen tijd voor God om het heelal in te maken. Het is net zoiets als vragen waar de rand van de aarde is. De aarde is een bol en die heeft geen rand, dus ernaar zoeken is een zinloze bezigheid.

Geloof ik? Ieder van ons staat het vrij te geloven wat hij of zij wil en naar mijn mening is de eenvoudigste verklaring dat er geen god is. Niemand heeft het heelal geschapen en niemand bepaalt ons lot. Dat leidt me tot een diepgaand inzicht: er is dan vermoedelijk ook geen hemel en hiernamaals. Volgens mij is geloven in een hiernamaals slechts wishful thinking. Er is geen enkel bewijs voor en het gaat in tegen alle wetenschappelijke kennis. Ik denk dat we na onze dood terugkeren tot stof. In één opzicht leven we echter door, en dat is door onze invloed en in onze genen die we aan onze kinderen doorgeven. We hebben dit ene leven om het grootse ontwerp van het universum te kunnen waarderen en ik ben daar bijzonder dankbaar voor.

2

HOE IS ALLES BEGONNEN?

Hamlet zei: 'Ik zou begrensd kunnen zijn in een notendop en mezelf tot koning rekenen van oneindige ruimte.' Volgens mij bedoelde hij dat, hoewel wij mensen lichamelijk heel beperkt zijn, en dat geldt zeker voor mij, het onze geest vrijstaat het hele heelal te verkennen en brutaal daarheen te reizen waar zelfs *Star Trek* niet durft te gaan. Is het universum nu eigenlijk oneindig, of is het gewoon heel erg groot? Was er een begin? Zal het altijd blijven bestaan of alleen heel erg lang? Hoe kan onze beperkte geest een oneindig heelal begrijpen? Is het niet aanmatigend van ons om het zelfs maar te proberen?

Met het risico het noodlot over me af te roepen van Prometheus, die het vuur van de goden stal om het aan de mensen te geven, geloof ik dat we kunnen, en moeten, proberen het heelal te begrijpen. Prometheus' straf was dat hij voor eeuwig aan de rotsen werd vastgeketend, al werd hij gelukkig uiteindelijk losgemaakt door Hercules. We hebben al enorme vooruitgang geboekt in het begrijpen van de kosmos, maar we hebben nog niet het complete beeld. Ik denk graag dat we er niet ver vanaf zijn.

Volgens de Bushongo in Midden-Afrika bestonden er in het begin slechts duisternis, water en de grote god Bumba. Op een dag had Bumba maagpijn en spuugde hij de zon uit. De zon droogde iets van het water op, waardoor land ontstond. Maar de pijn was nog niet over en Bumba spuugde ook nog de maan, de sterren en een paar dieren uit: het luipaard, de krokodil, de waterschildpad en ten slotte de mens.

De scheppingsmythe van de Bushongo probeert, zoals alle scheppingsmythen, de vragen te beantwoorden die we allemaal stellen. Waarom zijn we hier? Waar komen we vandaan? Het antwoord dat meestal werd gegeven, was dat de mens pas redelijk kort bestond omdat men kon zien dat de mens zijn kennis en technologie nog steeds aan het verbeteren was. Dus de mensheid kan nog niet lang hebben bestaan, anders was ze daarmee veel verder geweest. Dus verklaarde de Ierse bisschop Ussher (1581-1656) dat de tijd volgens Genesis was begonnen op 22 oktober 4004 v.Chr. om 6 uur 's avonds. Aan de andere kant verandert er aan de fysieke omgeving van de mens, zoals de bergen en rivieren, binnen een mensenleven heel weinig. Gedacht werd dan ook dat zij een constante achtergrond waren en altijd al hadden bestaan als een leeg landschap of zo zijn geschapen op hetzelfde moment als de mens.

Maar niet iedereen was gelukkig met het idee dat het heelal een begin zou hebben gehad. Zo geloofde Aristoteles, de beroemdste van de Griekse filosofen, dat het heelal altijd had bestaan. Iets eeuwigs is volmaakter dan iets wat is geschapen. Hij veronderstelde dat de oorzaak van de vooruitgang van de mens die we zien, overstromingen waren of andere natuurrampen, die de beschaving herhaaldelijk teruggeworpen hadden naar het begin. De motivatie om te geloven in een eeuwig heelal was dat men geen beroep wilde doen op goddelijke bemoeienis om het heelal te scheppen en aan de gang te brengen. Aan de andere kant gebruikten zij die geloofden dat het heelal een begin had, dit als argument voor het bestaan van God als de eerste oorzaak, de *prima causa*, van het heelal.

Als men geloofde dat het heelal een begin had, dan lagen de volgende vragen voor de hand: 'Wat gebeurde er vóór het begin? Wat deed God voordat hij de wereld schiep? Was hij een hel aan het maken voor mensen die dat soort vragen stelden?' De vraag of het heelal een begin had of niet, was een groot probleem voor de Duitse filosoof Immanuel Kant. Hij zag in dat er aan beide kanten logische contradicties waren, antinomieen of innerlijke tegenstrijdigheden. Als het heelal een begin had gehad, waarom heeft het dan oneindig lang gewacht voordat het begon? Dat noemde hij de these. Anderzijds, als het heelal altijd had bestaan, waarom had het dan eindeloos lang geduurd voordat het zijn huidige toestand bereikte? Dat noemde hij de antithese. Zowel these als antithese hing af van Kants aanname dat tijd absoluut was, zoals iedereen toen dacht. Dat wil zeggen, tijd ging van een oneindig verleden naar een oneindige toekomst, onafhankelijk van het al dan niet bestaan van een heelal.

Dat is het beeld dat veel wetenschappers nu nog steeds hebben. In 1916 publiceerde Einstein echter zijn revolutionaire algemene relativiteitstheorie. Hierin zijn tijd en ruimte niet langer absoluut, niet langer een constante achtergrond van gebeurtenissen. In plaats daarvan waren het dynamische grootheden die gevormd werden door materie en energie in het heelal. Ze werden alleen binnen het heelal gedefinieerd en het was zinloos om te praten over de tijd van voor het begin van het heelal. Dat is net zoiets als vragen naar een punt ten zuiden van de zuidpool. Dat is niet begrensd, het is er niet.

Einsteins theorie had dan wel tijd en ruimte tot een eenheid gebracht, ze zei weinig over de ruimte zelf. Iets wat over ruimte voor de hand lijkt te liggen, is dat die maar door- en door- en doorgaat. We verwachten gewoon niet dat het heelal ophoudt bij een stenen muur, hoewel er geen enkele logische reden is waarom dat niet zou kunnen. Maar moderne instrumenten als de Hubble-ruimtetelescoop stellen ons wel in staat heel diep de ruimte in te kijken. Wat we zien, zijn miljarden en miljarden sterrenstelsels van verschillende vorm en omvang. Er zijn reusachtige ellipsvormige stelsels, maar ook spiraalvormige, zoals het onze. Ieder sterrenstelsel bevat miljarden en miljarden sterren en om veel sterren cirkelen planeten. Ons eigen sterrenstelsel belemmert ons zicht in bepaalde richtingen, maar afgezien daarvan zijn de sterrenstelsels ruwweg gelijkelijk verspreid door de ruimte, met enkele lokale concentraties en enkele lege plekken. De dichtheid van de stelsels lijkt af te nemen op heel grote afstand, maar dat zou wel eens kunnen komen doordat ze zo ver weg staan en we ze niet goed kunnen zien. Wat ons betreft gaat het heelal oneindig in de ruimte door en is het er zo'n beetje zoals het in onze nabije omgeving is.

Hoewel het heelal op iedere plaats in de ruimte er ongeveer hetzelfde uitziet, verandert het absoluut in de tijd. Dit besefte men pas in de eerste jaren van de vorige eeuw. Tot op dat moment was de gedachte dat het heelal in de tijd constant was. Het had oneindig lang kunnen bestaan, maar dat leidde tot absurde gevolgtrekkingen. Als sterren oneindig lang hadden kunnen stralen, dan zouden ze het heelal hebben opgewarmd tot het net zo heet was als zijzelf waren. Zelfs 's nachts zou het hele uitspansel net zo helder zijn geweest als de zon, omdat in iedere richting waarin je keek, wel ergens een ster stond, of een stofwolk die verwarmd was totdat die net zo heet was als de sterren. Dus wat jullie allemaal hebben geobserveerd, namelijk dat de hemel 's nachts donker is, is heel belangrijk. Dat houdt immers in dat het heelal niet eeuwig kan hebben bestaan in de toestand waarin we het kennen. Er moet iets zijn gebeurd waardoor de sterren in een eindig verleden zijn ontstaan. Het licht van heel verre sterren zou dan nog geen tijd hebben gehad om ons te bereiken. Dat zou verklaren waarom de hemel 's nachts niet in iedere richting licht is.

Als de sterren er wel altijd zijn geweest, waarom zijn ze een paar miljard jaar geleden dan plotseling gaan stralen? Wat was de klok die zei dat het er tijd voor was? Dat hield filosofen als Immanuel Kant bezig, die dachten dat het heelal altijd had bestaan. Maar voor de meeste mensen paste een begin bij het idee dat het universum geschapen was in zo'n beetje de vorm die het nu heeft, en dan een paar duizend jaar geleden, zoals bisschop Ussher al had geconcludeerd. Maar in de jaren 1920 ontstonden er botsingen met dit idee door observaties met de 100-inchtelescoop op Mount Wilson in Californië. Eerst ontdekte Edwin Hubble dat veel vage lichtvlekken, zogenaamde nevels, feitelijk andere sterrenstelsels waren, enorme verzamelingen sterren als onze zon, maar dan op grote afstand. Omdat ze zo klein en vaag overkwamen, moest de afstand wel zo groot zijn dat het licht dat ze uitstraalden, er miljoenen of zelfs miljarden jaren over deed om ons te bereiken. Dit betekende dat het begin van het heelal zich niet een paar duizend jaar geleden kon hebben voltrokken.

Maar het tweede dat Hubble ontdekte, was nog opmerkelijker. Door het licht van andere sterrenstelsels te analyseren, kon hij meten of ze naar ons toe bewogen of van ons af. Tot zijn grote verrassing ontdekte hij dat ze bijna allemaal van ons af bewogen. Bovendien bleek dat hoe verder ze van ons af stonden, hoe sneller ze zich van ons af bewogen. Met andere woorden, het heelal dijt uit: sterrenstelsels bewegen zich van elkaar af.

De ontdekking dat het heelal uitdijt was een van de grote intellectuele revoluties van de twintigste eeuw. Het was een complete verrassing en zette de discussie over de oorsprong van het heelal op zijn kop. Als sterrenstelsels van elkaar af bewegen, dan moeten ze in het verleden dichter bij elkaar hebben gestaan. Op grond van de huidige mate van uitdijing kunnen we schatten dat ze zo'n tien tot vijftien miljard jaar geleden heel dicht op elkaar stonden. Het lijkt er dus op dat het heelal is ontstaan toen alles zich nog in hetzelfde punt in de ruimte bevond.

Maar veel wetenschappers waren niet gelukkig met een heelal dat een begin zou hebben gehad, omdat dat het einde van de natuurkunde tot gevolg leek te hebben. Men zou dan toch een beroep moeten doen op een macht van buiten, die men voor het gemak God zou kunnen noemen, om te besluiten hoe het heelal begon. Daarom propageerden zij theorieën waarin het heelal dan wel op dit moment uitdijt, maar toch geen begin heeft gehad. Een daarvan was de steady-state-theorie van Bondi, Gold en Hoyle uit 1948.

Deze theorie van de 'onveranderlijke toestand' stelt dat, aangezien sterrenstelsels van elkaar af bewegen, nieuwe sterrenstelsels gevormd zouden worden uit materie die constant in het hele heelal ontstond. Het heelal zou dan altijd hebben bestaan en zou er altijd hetzelfde hebben uitgezien. Die laatste eigenschap had als groot voordeel dat het een absolute voorspelling was die kon worden getest door observaties. Begin jaren 1960 deed de radioastronomiegroep van Cambridge onder leiding van Martin Ryle een verkenning naar zwakke radiobronnen. Deze zijn behoorlijk gelijkmatig verdeeld over het uitspansel, wat erop duidt dat de meeste van deze bronnen zich buiten ons zonnestelsel bevinden. De zwakste bronnen zouden dan, gemiddeld gesproken, het verst weg moeten zijn.

De steady-state-theorie voorspelde een verband tussen het aantal bronnen en hun sterkte. Maar uit de observaties bleek dat er meer vage bronnen waren dan verwacht, wat erop duidt dat de dichtheid van de bronnen in het verleden hoger is geweest. Dit ging in tegen de basisaanname van de steady-state-theorie dat in de tijd alles constant was. Om deze en enkele andere redenen werd de theorie dan ook verworpen.

Een andere poging om te vermijden dat het heelal een begin heeft gehad, was de suggestie dat er eerder een fase van inkrimping is geweest, maar vanwege rotatie en plaatselijke onregelmatigheden zou de materie niet tot in hetzelfde punt terugkeren. In plaats daarvan zouden verschillende delen van de materie op de terugweg langs elkaar heen vliegen en dan zou het heelal weer gaan uitdijen terwijl de dichtheid altijd eindig bleef. Twee Russen, Evgeny Lifshitz en Isaak Khalatnikov, beweerden zelfs te hebben bewezen dat deze algemene inkrimping zonder exacte symmetrie altijd zou leiden tot de tegengestelde beweging, waarbij de dichtheid eindig bleef. Dit resultaat kwam het marxistisch-leninistische dialectisch materialisme bijzonder goed uit, omdat ongemakkelijke vragen over de schepping van het heelal daarmee van de baan waren. Voor Sovjetgeleerden werd het daarom een geloofsartikel.

Ik begon mijn onderzoek in de kosmologie rond de tijd waarin Lifshitz en Khalatnikov hun conclusie publiceerden dat het heelal geen begin heeft. Ik begreep dat het hier een heel belangrijke vraag betrof, maar ik raakte niet overtuigd van de argumenten die Lifshitz en Khalatnikov aandroegen.

Wij zijn gewend aan het idee dat gebeurtenissen zijn veroorzaakt door eerdere gebeurtenissen, die op hun beurt veroorzaakt zijn door nog eerdere gebeurtenissen. Er is een keten van causaliteit, die zich naar het verleden uitstrekt. Maar stel nu eens dat deze keten een begin heeft, stel dat er een allereerste gebeurtenis is geweest. Waar werd die dan door veroorzaakt? Dit was geen vraag waar veel wetenschappers het antwoord op wensten te gaan zoeken. Ze probeerden haar te ontwijken, óf door net als de Russen en andere aanhangers van de steady-state-theorie te beweren dat het heelal geen begin had, óf dat het begin van het heelal niet op het terrein van de wetenschap ligt, maar op dat van de metafysica of religie. Naar mijn mening is dit geen stelling die een wetenschapper moet innemen. Als de wetten van de wetenschap aan het begin van het heelal opgeschort zouden moeten worden, zijn er dan niet ook andere momenten waarop ze niet geldig zijn? Een wet is geen wet als hij slechts af en toe geldig is. Volgens mij moeten we proberen het begin van het heelal te begrijpen op basis van wetenschap. Mogelijk is dat een taak waar we niet tegen opgewassen zijn, maar we zouden het op zijn minst moeten proberen.

Roger Penrose en ik speelden het klaar om meetkundige stellingen te bewijzen die aantonen dat het heelal een begin moet hebben gehad, als Einsteins algemene relativiteitstheorie correct was en aan bepaalde redelijke voorwaarden was voldaan. Het is moeilijk discussiëren met een wiskundige stelling en Lifshitz en Khalatnikov moesten uiteindelijk toegeven dat het heelal een begin moet hebben gehad. Hoewel het idee van een begin van het heelal misschien niet goed paste bij communistische ideeën, mocht de ideologie nooit in de weg staan van de natuurwetenschap. Natuurkunde was noodzakelijk om de bom te maken en het was belangrijk dat die werkte. Aan de andere kant hield de Sovjetideologie lange tijd de vooruitgang in de biologie tegen door genetica te ontkennen.

Hoewel de singulariteitsstellingen die Roger Penrose en ik bewezen lieten zien dat het heelal een begin moet hebben gehad, boden ze nauwelijks informatie over de aard van dat begin. Ze duidden erop dat het heelal in de oerknal was begonnen, een punt waar het hele universum en alles wat daarin zit was samengeperst in een enkel punt van oneindige dichtheid, een ruimtetijdsingulariteit. Op dit punt zou Einsteins algemene relativiteitstheorie niet meer gelden. Men kan die dus niet gebruiken om te voorspellen op welke manier het heelal is begonnen en blijft zitten met de gedachte dat de oorsprong van het universum blijkbaar buiten de reikwijdte van de wetenschap ligt.

Bewijs uit waarneming om het idee te bevestigen dat het heelal een heel dicht begin had gehad, kwam in oktober 1965, enkele maanden na mijn eerste resultaten over singulariteit, met de ontdekking van een vage achtergrond van microgolven in de ruimte, die de kosmische achtergrondstraling genoemd zou gaan worden. Die microgolven zijn dezelfde als die in je magnetron, alleen wat minder sterk. Ze zouden je pizza maar tot min 270,4 graden Celsius kunnen opwarmen, wat bij het ontdooien van je pizza weinig helpt, laat staan als je hem wilt opwarmen. Je kunt die microstralen trouwens zelf waarnemen. Zet je tv op een leeg kanaal. Een paar procent van de sneeuw die je op je scherm ziet, wordt veroorzaakt door de kosmische achtergrondstraling. De enige aanvaardbare interpretatie van de achtergrondstraling is dat het straling is die is overgebleven van een vroeger heel hete en dichte toestand. Bij het uitdijen van het heelal zou de straling daarna zijn afgekoeld tot het vage restje dat we vandaag nog kunnen waarnemen.

Dat het heelal begonnen was als singulariteit was niet een idee waarmee ik en een aantal andere mensen erg blij waren. De oorzaak van het niet geldig zijn van Einsteins algemene relativiteitstheorie bij de oerknal is dat het een zogenaamde klassieke theorie is. Dat wil zeggen dat impliciet wordt aangenomen, wat alleszins logisch lijkt, dat ieder deeltje een goed gedefinieerde positie en een goed gedefinieerde snelheid heeft. Volgens een dergelijke klassieke theorie kon men, als men de posities en snelheden van alle deeltjes van het heelal op een gegeven moment wist, berekenen waar ze op enig ander moment in de toekomst of het verleden zouden zijn of zijn geweest. Echter, aan het begin van de twintigste eeuw ontdekten wetenschappers dat ze niet precies konden berekenen wat er op zeer korte afstanden zou gebeuren. Het was niet zozeer dat ze betere theorieën nodig hadden. Er leek een bepaalde mate van willekeur of onzekerheid in de natuur voor te komen, die niet kan worden weggeredeneerd, hoe goed onze theorieën ook zijn. Dit toeval wordt uitgedrukt door de zogenaamde onzekerheidsrelatie, die in 1927 werd geformuleerd door de Duitse geleerde Werner Heisenberg. Men kan de positie en de snelheid van een deeltje niet precies voorspellen. Hoe nauwkeuriger de positie wordt voorspeld, hoe minder nauwkeurig de snelheid voorspeld kan worden en andersom.

Einstein verzette zich hevig tegen het idee dat het heelal beheerst wordt door toeval, getuige zijn uitspraak 'God dobbelt niet'. Maar alle aanwijzingen duiden erop dat God toch een gokker is. Het universum is als een reusachtig casino waar bij iedere gelegenheid met dobbelstenen wordt gegooid of roulette wordt gespeeld. De eigenaar van een casino loopt het risico geld te verliezen op ieder moment dat met de dobbelstenen wordt gegooid of het roulettewieltje wordt gedraaid. Maar met een groot aantal keer spelen vallen de kansen tegen elkaar weg, al zal de casino-eigenaar er wel voor zorgen dat zijn of haar kans net iets groter is. Daardoor komt het dat casinobazen zo rijk zijn. De enige kans die jij hebt om van ze te winnen, is om al je geld in te zetten op slechts een paar keer gooien met de stenen of draaien aan het wieltje.

Met het heelal is het precies hetzelfde gesteld. Als het heelal groot is, wordt heel vaak met de dobbelstenen gegooid en kan het gemiddelde van de resultaten worden berekend, iets wat men kan voorspellen. Maar als het heelal heel klein is, zoals vlak bij de oerknal, dan is nog slechts weinig keren met de dobbelstenen gegooid en dan is de onzekerheidsrelatie heel belangrijk. Om de oorsprong van het heelal te begrijpen, moet men de onzekerheidsrelatie opnemen in Einsteins algemene relativiteitstheorie. Dit is de afgelopen dertig jaar de grote uitdaging geweest voor de theoretische natuurkunde. We zijn er nog niet in geslaagd, maar we hebben wel al grote stappen gezet.

Stel je nu eens voor dat we proberen de toekomst te voorspellen. Omdat we slechts een enkele combinatie van positie en snelheid van een deeltje weten, kunnen we niet nauwkeurig voorspellen wat de toekomstige posities en snelheden van deeltjes zijn. We kunnen alleen een waarschijnlijkheid toekennen aan bepaalde combinaties van posities en snelheden. Een bepaalde toekomst van het heelal heeft dus een bepaalde waarschijnlijkheid. Maar stel je dan nu eens voor dat we proberen het verleden op dezelfde wijze te kennen.

Gegeven de aard van de huidige observaties kunnen we alleen een waarschijnlijkheid toekennen aan een bepaalde geschiedenis van het heelal. Het heelal moet dus veel mogelijke geschiedenissen hebben, ieder met haar eigen waarschijnlijkheid. Er is dus een geschiedenis van het heelal waarin Engeland opnieuw wereldkampioen voetbal is geworden, hoe klein de kans daarop misschien ook is. Het idee dat het heelal een meervoudige geschiedenis heeft, klinkt mogelijk als sciencefiction, maar wordt inmiddels wel aanvaard als een wetenschappelijk feit. Dat is te danken aan Richard Feynman, die aan het eerbiedwaardige California Institute of Technology (Caltech) werkte en tegelijkertijd bongo's speelde in een striptent een stuk verderop. Zijn benadering voor het begrijpen van hoe dingen werken bestaat eruit om aan iedere mogelijke geschiedenis een bepaalde waarschijnlijkheid toe te kennen en deze waarschijnlijkheid dan te gebruiken om voorspellingen te doen. Dat werkt fantastisch voor het voorspellen van de toekomst. We nemen dus aan dat die benadering ook werkt bij het voorspellen van het verleden.

Nu werken wetenschappers aan het samenbrengen van Einsteins algemene relativiteitstheorie en Feynmans idee van een meervoudige geschiedenis tot een complete unificatietheorie, de 'theorie van alles' die alles beschrijft wat er in het heelal gebeurt. Deze unificatietheorie zal ons in staat stellen te berekenen hoe het heelal zich zal ontwikkelen als we zijn toestand op enig moment kennen. Maar de unificatietheorie zal ons niet zelf vertellen hoe het heelal begonnen is of wat zijn begintoestand was. Daarvoor hebben we zogenaamde grensvoorwaarden nodig, voorwaarden die ons vertellen wat er gebeurt aan de grenzen van het heelal, de randen van ruimte en tijd. Maar als de grens van het heelal een normaal punt in ruimte en tijd was, dan konden we dat passeren en beweren dat het gebied erachter deel uitmaakt van het heelal. Aan de andere kant, als de grens van het heelal een rafelrand is waar ruimte of tijd verfrommeld is en de dichtheid oneindig, dan zou het heel moeilijk zijn om betekenisvolle grensvoorwaarden te definiëren. Het is dus niet duidelijk welke grensvoorwaarden noodzakelijk zijn. Het lijkt dat er geen logische basis is om de ene set grensvoorwaarden te nemen en een andere niet.

Jim Hartle van de universiteit van Californië in Santa Barbara en ik beseften echter dat er nog een derde mogelijkheid was. Misschien had het heelal helemaal geen grens in ruimte en tijd. Op het eerste gezicht is dit rechtstreeks in tegenspraak met de meetkundige stellingen die ik hierboven aanhaalde. Die laten zien dat het heelal wel degelijk een begin moet hebben, een grens in de tijd. Om Feynmans techniek wiskundig te definiëren ontwikkelden wiskundigen een concept genaamd denkbeeldige tijd. Die heeft niets te maken met de werkelijke tijd die wij ervaren. Het is een wiskundige truc om berekeningen te laten werken en vervangt de werkelijke tijd. Ons idee was om te stellen dat er in de denkbeeldige tijd geen grens was. Dan hoefden we niet te proberen grensvoorwaarden te formuleren. Dit noemden we de no-boundary-stelling.

Als de grensvoorwaarde van het heelal is dat het geen grens heeft in de denkbeeldige tijd, dan zal het nog geen enkelvoudige geschiedenis hebben. Er zijn veel geschiedenissen in de denkbeeldige tijd en iedere geschiedenis in denkbeeldige tijd zal een geschiedenis in de werkelijke tijd bepalen. We hebben dus een superovervloed aan geschiedenissen voor het heelal. Wat kiest de specifieke geschiedenis of de set geschiedenissen waarin we leven, uit de set van alle mogelijke geschiedenissen van het heelal?

Eén ding dat we snel kunnen opmerken is dat veel van de mogelijke geschiedenissen van het heelal niet de volgorde van de vorming van sterren en sterrenstelsels doorlopen, iets wat essentieel is geweest voor ons eigen ontstaan. Het is niet onmogelijk dat intelligente wezens kunnen ontstaan zonder sterren en sterrenstelsels, maar dat is onwaarschijnlijk. Dus het blote feit zelf dat we bestaan als wezens die de vraag kunnen stellen 'Waarom is het heelal zoals het is?' is een beperking van de geschiedenis waarin we leven. Ze impliceert dat het één van de minderheid van geschiedenissen is, waarin sterren en sterrenstelsels een rol spelen. Dit is een voorbeeld van wat het antropisch principe wordt genoemd. Volgens het antropisch principe moet het heelal ongeveer zijn zoals wij het zien, want als het anders was geweest, dan zou hier niemand zijn om het waar te nemen.

Veel wetenschappers keuren het antropisch principe af omdat het nogal bombastisch zou zijn en weinig voorspellende kracht bezit. Maar het antropisch principe kan ook precies geformuleerd worden en dat lijkt essentieel als het gaat om de oorsprong van het heelal. De M-theorie, tot op heden de beste kandidaat voor een complete 'theorie van alles', een unificatietheorie, biedt ruimte voor een heel groot aantal mogelijke geschiedenissen van het heelal. De meeste van die geschiedenissen zijn niet erg geschikt voor de ontwikkeling van intelligent leven. Of ze zijn leeg, of duren te kort, of zijn te gekromd of op een andere manier verkeerd. Maar volgens Richard Feynmans idee van een meervoudige geschiedenis kunnen deze onbewoonde geschiedenissen een behoorlijk grote waarschijnlijkheid hebben.

Het kan ons echt niet schelen hoeveel geschiedenissen er kunnen zijn die geen intelligente wezens bevatten. We zijn alleen geïnteresseerd in de subset geschiedenissen waarin intelligent leven tot ontwikkeling komt. Deze intelligente levensvormen hoeven totaal niet op mensen te lijken. Kleine groene mannetjes volstaan net zo goed. Misschien zelfs beter. De mens heeft niet echt een heel goede reputatie als het gaat om intelligent gedrag.

Neem het aantal richtingen in de ruimte als voorbeeld van de kracht van het antropisch principe. Het is een zaak van doodgewone ervaring dat we in een driedimensionale ruimte leven. Dat wil zeggen dat we de positie van een punt in de ruimte met drie getallen kunnen aanduiden. Dat zijn bijvoorbeeld lengte en breedte en de hoogte boven zeeniveau. Maar waarom is ruimte driedimensionaal? Waarom niet twee- of vierdimensionaal of enig ander aantal dimensies, zoals in sciencefiction? Volgens de M-theorie heeft ruimte tien dimensies (plus die ene van tijd), maar men denkt dat zeven van die richtingen heel erg opgerold zijn, waardoor drie richtingen overblijven die erg groot zijn en bijna vlak. Het is als een rietje. Het oppervlak van een rietje is tweedimensionaal. Eén richting is echter opgerold tot een rondje zodat het rietje van enige afstand een eendimensionale lijn lijkt.

Waarom leven we niet in een geschiedenis waarin acht van de dimensies tot heel klein zijn opgerold waardoor slechts twee dimensies over zijn die we opmerken? Een tweedimensionaal dier zou echter wel moeite hebben met zijn spijsvertering. Als het ingewanden had gehad die door hem heen liepen, zoals bij ons, dan zou het arme beest daardoor in tweeën zijn verdeeld en uit elkaar vallen. Dus zijn twee vlakke richtingen onvoldoende voor zoiets ingewikkelds als intelligent leven. Er is iets bijzonders met drie ruimtelijke dimensies. In drie dimensies kunnen planeten in een stabiele baan rond sterren blijven draaien. Dit is een gevolg van Robert Hookes ontdekking in 1665 dat de zwaartekracht omgekeerd evenredig is met het kwadraat van de afstand, waar Isaac Newton op doorborduurde. Denk aan de aantrekkingskracht tussen twee lichamen op een bepaalde afstand van elkaar. Als de afstand verdubbeld wordt, wordt de kracht gehalveerd. Als de afstand verdrievoudigd wordt, dan moet de kracht worden gedeeld door negen, wordt de afstand verviervoudigd, dan wordt de kracht gedeeld door zestien enzovoorts. Dit leidt tot stabiele banen van planeten. Denk dan nu eens aan een ruimte met vier dimensies. Dan zou de aantrekkingskracht een wet gehoorzamen die zegt dat de zwaartekracht evenredig is met de derde macht van de afstand. Wordt de afstand tussen twee lichamen verdubbeld, dan moet de aantrekkingskracht gedeeld worden door acht, bij verdrievoudiging met zevenentwintig, bij verviervoudiging met vierenzestig. Zou de wet niet de tweede macht behelzen, maar de derde, dan zou dat voorkomen dat de baan van planeten rond hun zon stabiel is. Ze zouden óf op hun zon vallen óf ontsnappen en in de koude en duisternis verdwijnen. Op dezelfde wijze zouden de banen van elektronen in atomen niet stabiel zijn en zou materie zoals wij die kennen, niet bestaan. Dus hoewel het idee van een meervoudige geschiedenis ieder aantal bijna vlakke richtingen mogelijk zou maken, zullen alleen geschiedenissen met drie vlakke richtingen intelligente wezens bevatten. Alleen in dergelijke geschiedenissen zal de vraag worden gesteld: 'Waarom heeft ruimte drie dimensies?'

Een opmerkelijk kenmerk van het heelal zoals wij

Wat was er voor de oerknal?

Volgens de no-boundary-stelling is het stellen van de vraag wat er voor de oerknal was, zinloos – het is als vragen naar wat er ten zuiden van de zuidpool ligt – omdat er geen tijdsbegrip bestaat om ernaar te verwijzen. Het concept tijd bestaat alleen in ons heelal.

dat zien, betreft de kosmische achtergrondstraling die is ontdekt door Arno Penzias en Robert Wilson. Het is in wezen een geologisch archief uit de tijd van het heel jonge heelal. Deze achtergrondstraling is bijna overal hetzelfde, in welke richting je ook kijkt. De verschillen tussen de verschillende richtingen zijn ongeveer één op honderdduizend, dus onwaarschijnlijk klein en ze dienen te worden uitgelegd. De algemeen aanvaarde verklaring voor deze gelijkvormigheid is dat het heelal heel vroeg in zijn geschiedenis een periode doormaakte van zeer snelle uitdijing met een factor van minstens een miljard keer miljard keer miljard. Dit proces wordt de inflatie genoemd, iets wat goed was voor het heelal, in tegenstelling tot economische inflatie waar we maar al te vaak het slachtoffer van zijn. Maar als dat het enige was, dan zou de achtergrondstraling in alle richtingen precies hetzelfde moeten zijn. De vraag is dus: waar komen die kleine verschillen vandaan?

Begin 1982 schreef ik een artikel waarin ik stel dat deze verschillen voortkwamen uit kwantumfluctuaties tijdens de inflatie. Kwantumfluctuaties doen zich voor ten gevolge van de onzekerheidsrelatie. Bovendien waren deze fluctuaties de zaden van structuren in ons heelal, van sterren, sterrenstelsels en ons. Dit idee is in de grond hetzelfde mechanisme als de zogenaamde hawkingstraling van de waarnemingshorizon van een zwart gat, dat ik een decennium eerder had voorspeld, behalve dat het nu van een kosmologische horizon afkomstig was, het oppervlak dat het heelal scheidt in de delen die we kunnen zien en de delen die we niet kunnen zien. Die zomer hielden we een workshop in Cambridge, waar alle grote spelers van het veld aan deelnamen. Tijdens deze bijeenkomst legden we het grootste deel van ons huidige beeld van de inflatie vast, inclusief de zo belangrijke dichtheidsfluctuaties die de vorming van sterrenstelsels veroorzaken en dus ook van ons bestaan. Aan de finale oplossing hebben verscheidene mensen bijgedragen. Dat was tien jaar voordat fluctuaties in de achtergrondstraling werden opgemerkt door de ruimtetelescoop COBE in 1993, dus de theorie liep ver voor op de waarneming.

Kosmologie werd weer tien jaar later, in 2003, met de eerste resultaten van de satelliet WMAP een precisiewetenschap. WMAP produceerde een fantastische kaart van de temperatuur van de kosmische achtergrondstraling, een snapshot van het heelal toen dat ongeveer een honderdste zo oud was als nu. De onregelmatigheden die je daarop ziet, zijn voorspeld door de inflatie en ze betekenen dat sommige gebieden van het heelal toen een iets hogere dichtheid hadden dan andere. De aantrekkingskracht van de extra dichtheid vertraagde uitdijing van dat gebied en kan er uiteindelijk voor zorgen dat het ineenstort en sterren en sterrenstelsels vormt. Kijk dus goed naar de kaart van de kosmische achtergrondstraling. Het is de blauwdruk van de complete structuur van het heelal. Wij zijn het gevolg van kwantumfluctuaties in het heel vroege heelal. God dobbelt echt.

En nu hebben we de opvolger van WMAP, de satelliet

Planck Observatory, die een kaart van het heelal met een veel hogere resolutie heeft gemaakt. Planck test onze theorieën serieus en kan zelfs het spoor ontdekken van de zwaartekrachtgolven die door inflatie worden voorspeld. Dat zou kwantumzwaartekracht onoverkomelijk maken.

Er kunnen andere heelallen zijn. De M-theorie voorspelt dat een groot aantal heelallen ontstond uit niets, overeenkomend met de vele verschillende mogelijke geschiedenissen. Ieder heelal heeft veel mogelijke geschiedenissen en op latere momenten veel mogelijke toestanden, dat wil zeggen op momenten als het heden, lang na hun ontstaan. De meeste van deze toestanden zullen heel anders zijn dan het heelal zoals wij dat observeren.

Er leeft nog steeds de hoop dat we de eerste bewijzen voor de M-theorie zullen vinden met de deeltjesversneller Large Hadron Collider van het CERN in Genève. Vanuit het oogpunt van de M-theorie kijkt die alleen naar lagere energie, maar misschien hebben we geluk en zien we een zwak signaal van de fundamentele theorie, zoals supersymmetrie. Ik denk dat de ontdekking van supersymmetrische tegenhangers van de bekende deeltjes ons inzicht in het heelal compleet op z'n kop zou zetten.

In 2012 werd de ontdekking van het Higgs-deeltje in de LHC van het CERN bekendgemaakt. Dit was de eerste ontdekking van een nieuw elementair deeltje in de eenentwintigste eeuw. Er is nog steeds enige hoop dat de LHC supersymmetrie zal ontdekken, maar zelfs als de LHC geen enkel nieuw elementair deeltje meer vindt, zou supersymmetrie gevonden kunnen worden in de volgende generatie versnellers, die zich momenteel in de planningsfase bevindt.

Het begin van het heelal zelf in de hete oerknal is het ultieme hoge-energielaboratorium voor het testen van de M-theorie en onze ideeën over de bouwstenen van de ruimtetijd en materie. Verschillende theorieën laten verschillende vingerafdrukken achter in de huidige structuur van het heelal, dus astrofysische data kunnen ons sleutels aanreiken voor de unificatie van alle natuurkrachten. Er kunnen dus best andere heelallen zijn, maar jammer genoeg zullen we nooit in staat zijn die te verkennen.

We hebben nu iets gezien van de oorsprong van het heelal. Er zijn echter nog twee vragen over. Zal het heelal ooit ten einde komen? Is het heelal uniek?

Hoe zullen de meest waarschijnlijke geschiedenissen van het heelal verder verlopen? Er lijken uiteenlopende mogelijkheden te bestaan, die verenigbaar zijn met het verschijnen van intelligent leven. Ze hangen af van de hoeveelheid materie in de ruimte. Indien er meer is dan een bepaalde kritische hoeveelheid, zal de aantrekkingskracht tussen de sterrenstelsels de uitdijing vertragen.

Uiteindelijk zullen ze beginnen naar elkaar toe te bewegen en zullen ze allemaal op elkaar botsen in een enorme confrontatie, die het einde zal betekenen van de geschiedenis van het heelal in de werkelijke tijd. Toen ik eens in het Verre Oosten was, werd mij gevraagd deze Big Crunch niet te noemen vanwege het effect dat dat zou kunnen hebben op de aandelenmarkt. Maar de koersen kelderden, dus misschien is het verhaal toch naar buiten gekomen. In dit land lijken mensen zich geen zorgen te maken over een mogelijk einde, twintig miljard jaar in de toekomst. Je kunt nog veel eten en drinken en vrolijk zijn voor het zover is.

Als de dichtheid van het heelal onder de kritische waarde is, is de zwaartekracht te zwak om te voorkomen dat sterrenstelsels voor altijd uit elkaar blijven vliegen. Alle sterren zullen uitdoven en het heelal zal leger en leger worden en kouder en kouder. Dus opnieuw: ooit komt er een einde aan alles, maar op een minder dramatische manier. En we hebben nog een paar miljard jaar te gaan.

In dit antwoord heb ik geprobeerd iets van de oorsprong, toekomst en aard van ons heelal uit te leggen. In denkbeeldige tijd is het begonnen als een heel kleine, iets afgeplatte bol. Het lijkt dus op die notendop waarmee ik begon. Maar deze noot codeert alles wat gebeurt in de werkelijke tijd. Dus Hamlet had gelijk. We kunnen worden begrensd in een notendop en onszelf tot koningen rekenen van oneindige ruimte.

3

IS ER INTELLIGENT LEVEN ELDERS IN HET HEELAL?

In dit hoofdstuk wil ik een beetje speculeren over de ontwikkeling van leven in het heelal en in het bijzonder over de ontwikkeling van intelligent leven. Ik zal de mensheid hier ook bij betrekken, al is ons gedrag in de loop van de geschiedenis behoorlijk dom geweest en niet gericht op het overleven van de soort. De twee vragen die ik ga bespreken, zijn 'Hoe waarschijnlijk is het dat er elders in het heelal leven voorkomt?' en 'Hoe kan het leven zich verder ontwikkelen?'

De ervaring is dat zaken in de tijd steeds wanordelijker worden en chaotischer. Deze observatie heeft zelfs haar eigen wet, de tweede wet van de aerodynamica. Volgens deze wet neemt de totale hoeveelheid wanorde of entropie in het heelal altijd toe met de tijd. Maar de wet heeft het alleen over de totale hoeveelheid wanorde. De *orde* binnen een lichaam kan ook toenemen als de hoeveelheid *wanorde* in zijn omgeving maar sterker toeneemt.

Dit is wat er gebeurt in een levend wezen. We kunnen leven definiëren als een geordend systeem dat zich kan verzetten tegen de neiging tot wanorde en zichzelf kan reproduceren. Dat wil zeggen, het kan vergelijkbare maar onafhankelijke, geordende systemen maken. Om dat te kunnen doen, moet het systeem energie in een of andere geordende vorm – zoals voedsel, zonlicht of elektrische kracht – omzetten in wanordelijke energie in de vorm van warmte. Op deze manier kan het systeem aan de vereiste voldoen dat de totale hoeveelheid wanorde toeneemt terwijl tegelijkertijd de orde in zichzelf en zijn nakomelingen toeneemt. Dit klinkt als ouders die in een huis wonen waar het, iedere keer als er een baby bij komt, rommeliger wordt.

Een levend wezen als jij en ik bezit twee noodzakelijke elementen: een set instructies die het systeem vertellen hoe het moet blijven bestaan en zichzelf voortplanten, en een mechanisme om die instructies uit te voeren. In de biologie heten deze twee delen de *genen* en *metabolisme* of stofwisseling. Maar benadrukt moet worden dat hier niets biologisch aan hoeft te zijn. Een computervirus bijvoorbeeld is een programma dat kopieën van zichzelf maakt in het geheugen van een computer en zichzelf naar andere computers verspreidt. Het valt dus binnen de definitie van een levend systeem, die ik heb gegeven. Net als een biologisch virus is het een nogal gedegenereerde vorm, aangezien het alleen instructies of genen bevat en geen eigen metabolisme heeft. In plaats daarvan herprogrammeert het het metabolisme van de cel of de gastcomputer. Er zijn mensen die dan ook betwijfelen of je een virus wel leven moet noemen, omdat het een parasiet is en niet onafhankelijk van zijn gastheer kan bestaan. Maar de meeste levensvormen, waaronder wijzelf, zijn parasieten aangezien ze leven van en afhankelijk zijn van andere levensvormen. Volgens mij moeten computervirussen worden beschouwd als leven. Misschien zegt het iets over de aard van de mens dat de enige levensvorm die we tot nu toe hebben geschapen, zuiver destructief is. Over leven scheppen naar ons evenbeeld gesproken. Hierna zal ik nog terugkomen op elektronische vormen van leven.

Wat we gewoonlijk beschouwen als 'leven' is gebaseerd op ketens van koolstofatomen met een paar andere atomen, zoals stikstof en fosfor. Je zou erover kunnen speculeren dat er ook leven kan bestaan op een andere chemische basis, bijvoorbeeld silicium, maar koolstof lijkt favoriet omdat dat de rijkste chemie heeft. Het bestaan zelf van koolstofatomen, met de eigenschappen die zij hebben, vereist een fijne afstemming van fysieke constanten, zoals de QCD-schaal (van *Quantum Chromodynamics* of kwantumchromodynamica), de elektrische lading en zelfs de dimensies van de ruimtetijd. Als deze constanten behoorlijk andere waarden hadden gehad, dan zou óf de kern van het koolstofatoom niet stabiel zijn geweest óf de elektronen zouden op de kern zijn gestort. Op het eerste gezicht is het erg opmerkelijk dat het heelal zo fijn is afgestemd. Misschien is dit wel een aanwijzing dat het speciaal is ontworpen om de mensheid mogelijk te maken. Met dergelijke argumenten moet je echter bijzonder voorzichtig zijn vanwege het zogenaamde antropisch principe. Dit is gebaseerd op de voor de hand liggende waarheid dat als het heelal ongeschikt was geweest voor leven, we ons niet zouden afvragen waarom het zo nauwkeurig is afgesteld. Men kan het antropisch principe in zijn sterke of zwakke versie toepassen. Voor het sterke antropisch principe wordt verondersteld dat er een heleboel verschillende heelallen bestaan, ieder met fysieke constanten met andere waarden. Bij een klein aantal zullen die waarden het bestaan toestaan van dingen als koolstofatomen, die kunnen dienen als bouwstenen van levende systemen. Aangezien wij in een van die heelallen moeten leven, moeten we niet verbaasd zijn als die fysieke constanten fijn zijn afgestemd. Als ze dat niet waren, waren wij er niet geweest. De sterke versie van het antropisch principe is niet erg bevredigend, want welke operationele betekenis kan men toekennen aan het bestaan van al die andere heelallen? En als ze gescheiden zijn van het onze, hoe kan dan wat daarin gebeurt, invloed hebben op ons heelal? Daarom zal ik in plaats daarvan de zwakke versie van het antropisch principe nemen. Dat wil zeggen dat ik de waarden van de fysieke constanten neem zoals ze zijn gegeven. Maar ik zal onderzoeken welke conclusies kunnen worden getrokken uit het feit dat het leven op deze planeet bestaat in dit stadium in de geschiedenis van het heelal.

Er was geen koolstof toen het heelal met de oerknal ongeveer 13,8 miljard jaar geleden begon. Het was zo heet dat alle materie uitsluitend bestond in de vorm van de deeltjes protonen en neutronen. In het begin zouden dezelfde hoeveelheden protonen als neutronen hebben bestaan. Maar tijdens het uitdijen van het heelal koelde het af. Ongeveer een minuut na de oerknal zou de temperatuur zijn gedaald naar ongeveer anderhalf miljard kelvin, honderd keer zo heet als de zon. Bij deze temperatuur gaan neutronen uiteenvallen in protonen.

Als alleen dit was gebeurd, dan zou alle materie in het heelal zijn verworden tot het allereenvoudigste element, *waterstof*, waarvan de kern bestaat uit één enkele proton. Maar sommige neutronen botsten tegen protonen en gingen samen het op een na eenvoudigste element vormen, *helium*, waarvan de kern bestaat uit twee protonen en twee neutronen. Maar in het vroege heelal werden nog geen zwaardere elementen, zoals *koolstof* of *zuurstof*, gevormd. Het is nauwelijks voorstelbaar dat een levend systeem zou zijn te maken van uitsluitend waterstof en helium; bovendien was het in het vroege heelal nog veel te heet voor atomen om zich te verenigen tot moleculen.

Het heelal bleef maar uitdijen en afkoelen. Maar de dichtheid in sommige gebieden was een heel klein beetje hoger dan in andere en de zwaartekracht van die extra materie vertraagde daar de expansie die uiteindelijk ook ophield. Ze stortten ineen en vormden vanaf ongeveer twee miljard jaar na de oerknal sterren en sterrenstelsels. Sommige van die vroege sterren moeten meer massa hebben gehad dan onze zon; ze zouden dan ook heter zijn geweest en de oorspronkelijke waterstof en helium hebben doen verbranden tot zwaardere elementen, zoals koolstof, zuurstof en ijzer. Hier was maar een paar honderd miljoen jaar voor nodig. Daarna ontploften sommige van die sterren als supernova's en verspreidden de zware elementen over de ruimte, waar ze de materialen vormden voor latere generaties sterren.

Andere sterren dan de zon staan veel te ver weg om rechtstreeks te kunnen waarnemen of er planeten omheen draaien. Er zijn echter twee technieken waarmee we planeten die om sterren cirkelen, kunnen ontdekken. De eerste is naar een ster kijken om te zien of de hoeveelheid licht die ze uitstraalt, constant is. Op het moment waarop een planeet voor de ster langs schuift, zal het licht een beetje afnemen, de ster dimt heel even. Als dit regelmatig gebeurt, dan komt dat doordat de planeet in een regelmatig ritme haar baan volgt. De tweede methode is om de positie van de ster nauwkeurig te berekenen. Als er een planeet om de ster draait, dan zal dat een heel kleine schommeling in de positie van de ster veroorzaken. Deze kan worden waargenomen en ook hier geldt dat, als de schommeling regelmatig is, de oorzaak daarvan is dat de planeet in een baan om de ster cirkelt. Deze methoden werden ongeveer twintig jaar geleden voor het eerst toegepast en inmiddels zijn er een paar duizend planeten ontdekt die in banen om verschillende sterren draaien. Geschat wordt wel dat rond één op iedere vijf sterren een aardeachtige planeet cirkelt op een afstand van de ster waardoor op de planeet leven mogelijk zou kunnen zijn.

Ons eigen zonnestelsel werd ongeveer vierenhalf miljard jaar geleden, ruim negen miljard jaar na de oerknal, gevormd uit gassen die waren vervuild met resten van eerdere sterren. De aarde werd grotendeels uit de zwaardere elementen gevormd, waaronder koolstof en zuurstof. Op een of andere manier raakten sommige van deze atomen zo gerangschikt, dat ze moleculen DNA konden vormen. Dit had de vorm van de befaamde dubbele helix, die in 1953 werd ontdekt door Francis Crick en James Watson in een barak op het terrein van het New Museum in Cambridge. De twee strengen die de helix vormen, zijn met elkaar verbonden door middel van baseparen. Zo'n basepaar wordt gevormd uit twee van slechts vier verschillende nucleotiden: adenine (A), cytosine (C), guanine (G) en thymine (T). De strengen zijn complementair doordat de basen alleen in de baseparen AT en GC kunnen voorkomen. Dus de volgorde van de nucleotiden in de ene streng bepaalt de unieke, complementaire volgorde in de andere streng. De twee strengen kunnen worden gescheiden en iedere streng dient dan als sjabloon voor de bouw van nieuwe ketens. Zo kunnen DNA-moleculen de genetische informatie reproduceren, die gecodeerd zit in de volgorde van de baseparen. Delen van de helix kunnen ook worden gebruikt om eiwitten en andere chemische stoffen te maken, die de in de volgorde gecodeerde instructies kunnen uitvoeren en het ruwe materiaal samenstellen waardoor het DNA zich kan reproduceren.

Zoals ik al schreef hebben we geen idee waar de DNA-moleculen voor het eerst verschenen. Aangezien de kans bijzonder klein is dat de molecule bij toeval is ontstaan door willekeurige fluctuaties, denken sommige mensen wel eens dat het leven op aarde van elders moet zijn gekomen – bijvoorbeeld op stukken steen die van Mars zijn afgebroken toen de planeten nog zeer instabiel waren – en dat er zaadjes van het leven door het heelal zweven. Het is echter onwaarschijnlijk dat DNA lang genoeg kan overleven in de straling die in de ruimte heerst.

Omdat het verschijnen van leven op een planeet al heel onwaarschijnlijk was, zou je verwachten dat het dan ook erg lang heeft geduurd. Nauwkeuriger gezegd, men zou kunnen hebben verwacht dat het leven precies op tijd begon voor de daaropvolgende evolutie naar intelligente wezens zoals wij, voordat er weer een einde aan zou komen, en dat wordt bepaald door de levensduur van de zon. Die is ongeveer tien miljard jaar, waarna de zon zal opzwellen en de aarde verzwelgen. Een intelligente levensvorm kan inmiddels reizen door de ruimte hebben ontwikkeld en in staat zijn naar een ander sterrenstelsel te vluchten. Maar het leven op aarde is gedoemd te verdwijnen.

Er zijn fossielen die bewijzen dat er drieënhalf miljard jaar geleden een vorm van leven op aarde bestond. Dat kan dus vijfhonderd miljoen jaar zijn geweest nadat de aarde stabiel en voldoende afgekoeld was zodat leven zich er kon ontwikkelen. Maar dat leven kan er zeven miljard jaar voor nodig hebben gehad om zich te ontwikkelen en dan was er nog voldoende tijd over om te evolueren tot wezens zoals wij, die kunnen vragen naar de oorsprong van het leven. Als de waarschijnlijkheid dat leven zich op een bepaalde planeet heeft ontwikkeld heel erg klein is, waarom gebeurde dat dan op aarde en wel binnen een veertiende van de tijd die beschikbaar was?

Het vroege verschijnen van leven op aarde suggereert dat er een grote kans is op spontaan ontstaan van leven als de omstandigheden er geschikt voor zijn. Mogelijk was er eerst een eenvoudiger organisatievorm waaruit DNA is voortgekomen. Toen DNA eenmaal verscheen, was dit zo succesvol dat het eerdere vormen helemaal heeft vervangen. We weten niet wat die eerdere vormen geweest kunnen zijn, maar een mogelijkheid is RNA.

RNA lijkt op DNA, maar is een stuk eenvoudiger en heeft niet de structuur van de dubbele helix. Korte strengen RNA kunnen zich reproduceren zoals DNA dat kan en RNA kan zich eventueel hebben ontwikkeld tot DNA. We kunnen in het laboratorium echter geen baseparen maken van dood materiaal, laat staan RNA. Maar de periode was vijfhonderd miljoen jaar en de aarde was grotendeels bedekt met water en dat biedt een gerede kans dat RNA hierin bij toeval is ontstaan.

Terwijl DNA zich reproduceert, is de kans groot op

willekeurige vergissingen, waarvan er vele nadelig geweest zullen zijn en die zijn uitgestorven. Sommige waren neutraal – ze hebben geen negatieve en geen positieve invloed gehad op het functioneren van het gen. En enkele vergissingen hebben het overleven van de soort juist bevorderd; die zijn verantwoordelijk voor de darwiniaanse natuurlijke selectie.

Het evolutieproces liep in het begin erg langzaam. Er was tweeënhalf miljard jaar voor nodig om van de vroegste cellen te evolueren tot meercellige dieren en de evolutie via vissen en reptielen tot zoogdieren duurde nog eens een miljard jaar. Maar toen leek de evolutie te versnellen. De ontwikkeling van de eerste zoogdieren tot ons duurde slechts honderd miljoen jaar. De oorzaak daarvan is dat vissen al de belangrijkste organen hebben die zoogdieren ook hebben, en wij dus ook. Het enige wat nodig was om te evolueren van vroege zoogdieren tot mensen was enige fijnafstemming.

Maar met de mens bereikte de evolutie een kritieke fase, wat impact betreft slechts te vergelijken met de ontwikkeling van DNA. Dat was de ontwikkeling van *taal,* en dan vooral van geschreven taal. Het betekende dat informatie, anders dan genetisch via het DNA, van generatie op generatie kan worden doorgegeven. Er heeft enig aanwijsbare verandering plaatsgevonden in menselijk DNA, in gang gezet door evolutie, in de tienduizend jaar geschreven geschiedenis, maar de hoeveelheid kennis die van generatie op generatie wordt overgedragen, is enorm toegenomen. Ik heb boeken geschreven om je iets te vertellen over wat ik geleerd heb over het heelal in mijn lange carrière als wetenschapper, en door dat te doen heb ik kennis overgebracht van mijn brein naar de bladzijde zodat jij die kennis ook tot je kunt nemen.

Het DNA in een eitje of zaadje van de mens, bevat ongeveer drie miljard baseparen. Een groot deel van de informatie die in de volgorde is gecodeerd, is echter overbodig of inactief. De totale hoeveelheid bruikbare informatie in onze genen is vermoedelijk iets van honderd miljoen bits. Eén bit informatie is het antwoord op één ja-neevraag. Een roman kan al gauw twee miljoen bits informatie bevatten. Een mens is dus gelijk aan ongeveer vijftig *Harry Potter*-boeken en een grote nationale bibliotheek bevat al gauw zo'n vijf miljoen boeken, ofwel zo'n triljoen bits. De hoeveelheid informatie die in boeken of via het internet wordt doorgegeven, is ongeveer honderdduizend keer zoveel als in DNA.

Belangrijker nog is het feit dat de informatie in boeken veel sneller kan worden veranderd en geüpdatet. We hebben een paar miljoen jaar nodig gehad om te evolueren uit apen. In die periode is de bruikbare informatie in ons DNA vermoedelijk slechts een paar miljoen bits veranderd, dus de snelheid van de evolutie in de mens is ongeveer een bit per jaar. Maar er verschijnen jaarlijks zo'n 50.000 nieuwe boeken in het Engels met pakweg zo'n honderd miljard bits aan informatie. Natuurlijk is verreweg het grootste deel van deze informatie rommel en van geen enkel nut voor welke levensvorm dan ook. Maar toch, de snelheid waarmee nuttige informatie kan worden toegevoegd is miljoenen, zo niet miljarden, keren zo groot als met DNA.

Dit betekent dat we een nieuwe fase van de evolutie zijn ingegaan. Eerst schreed de evolutie voort via natuurlijke selectie van willekeurige mutaties. Deze darwiniaanse fase duurde zo'n drieënhalf miljard jaar en produceerde ons, wezens die taal ontwikkelden om informatie uit te wisselen. Maar de afgelopen circa tienduizend jaar hebben we in een, wat genoemd mag worden, fase van externe overdracht gezeten. Hierin is het *intern* vastleggen van informatie, doorgegeven aan opeenvolgende generaties DNA, een klein beetje veranderd. Maar het *extern* vastleggen – in boeken en andere vormen van langdurige opslag – is enorm gegroeid.

Er zijn mensen die de term 'evolutie' alleen gebruiken voor intern overgedragen genetisch materiaal en die zouden protesteren tegen de toepassing ervan op informatie die extern wordt doorgegeven. Maar volgens mij is dat een te nauwe blik. We zijn meer dan alleen onze genen. We zijn misschien niet sterker of intelligenter dan onze in grotten wonende voorouders, maar wat ons van hen onderscheidt, is de kennis die we de afgelopen tienduizend jaar, en met name de laatste driehonderd jaar, verzameld hebben. Volgens mij is het heel gerechtvaardigd om met een bredere blik te kijken en extern doorgegeven informatie, net als DNA, te betrekken bij de evolutie van de mens.

De tijdschaal voor evolutie in de fase van externe overdracht is de tijdschaal voor de opeenhoping van informatie. Dit was eerder honderden of zelfs duizenden jaren. Maar nu is deze tijdschaal geslonken tot vijftig jaar of minder. Aan de andere kant zijn de hersenen waarmee we deze informatie verwerken, slechts op darwiniaanse tijdschaal geëvolueerd en die beslaat honderdduizenden jaren. Dit begint nu problemen op te leveren. In de achttiende eeuw zou er een man zijn geweest die alle boeken ter wereld had gelezen. Maar als je nu een boek per dag zou lezen, dan zou je zo'n vijftienduizend jaar nodig hebben om alle boeken te lezen die nu in een nationale bibliotheek staan. En er zouden er nog zoveel meer geschreven zijn.

Dit betekent dat niemand meer kan beheersen dan een mespuntje van alle menselijke kennis. Mensen moeten zich specialiseren op steeds engere terreinen. Dit wordt in de toekomst vermoedelijk een enorme beperking. We kunnen zeker niet nog lang doorgaan met de exponentiële groei van kennis die we de afgelopen driehonderd jaar hebben gezien. Een nog grotere beperking en een gevaar voor toekomstige generaties is dat we nog steeds instincten hebben, en in het bijzonder de agressieve impulsen die we ook al hadden toen we nog in grotten woonden. Agressie, in de vorm van het onderwerpen of vermoorden van andere mannen en hun vrouwen en voedsel afnemen, heeft absoluut een voordeel gehad om te overleven, zelfs tot op heden. Maar nu kan dat instinct de hele mensheid uit-

Als er ergens anders dan op aarde intelligent leven bestaat, zou dat dan lijken op de levensvormen die we kennen of heel anders zijn?

Bestaat er dan intelligent leven op aarde? Maar even serieus, als er elders intelligent leven is, dan moet dat wel op heel grote afstand zijn, anders had het de aarde wel bezocht. En ik denk dat we dat gemerkt zouden hebben; het zou zijn zoals in de film *Independence Day*.

roeien en een groot deel van al het leven op aarde. Een kernoorlog is nog steeds het grootste gevaar, maar er zijn meer gevaren, zoals het verspreiden van genetisch gemanipuleerde virussen. Of het instabiel worden van het broeikaseffect.

Er is geen tijd om te wachten tot de darwiniaanse evolutie ons intelligenter en beter gehumeurd maakt. Maar we gaan nu wel een nieuwe fase in van wat een zelfontworpen evolutie genoemd mag worden, waarin we in staat zijn ons DNA te veranderen en te verbeteren. We hebben ons DNA nu in kaart gebracht, wat betekent dat we het 'boek des levens' gelezen hebben en we kunnen beginnen correcties aan te brengen. Die veranderingen zullen aanvankelijk nog beperkt zijn tot het repareren van genetische onvolkomenheden als cystische fibrose en spierdystrofie, die worden veroorzaakt door slechts één gen en daarom makkelijk te identificeren en te corrigeren zijn. Andere kenmerken, zoals intelligentie, worden vermoedelijk beheerst door een groot aantal genen en het zal veel moeilijker zijn die te vinden en de onderlinge relaties uit te werken. Ik ben er echter van overtuigd dat mensen er de komende eeuw achter zullen komen hoe ze zowel intelligentie en instincten als agressie kunnen modificeren.

Er zullen wel wetten komen tegen genetische modificatie van mensen. Maar er zullen altijd mensen zijn die de verleiding niet kunnen weerstaan om menselijke kenmerken te verbeteren, zoals de omvang van het geheugen, weerstand tegen ziekten, en levensduur. Verschijnen deze supermensen eenmaal, dan zullen er grote politieke problemen ontstaan met niet-verbeterde mensen, die niet tegen de nieuwkomers op kunnen. Vermoedelijk zullen zij uitsterven of van geen belang meer zijn. Er zal in plaats van hen een zelfontworpen ras mensen zijn ontstaan dat zichzelf met almaar toenemende snelheid zal verbeteren.

Als de mensheid erin slaagt zichzelf te herontwerpen en daarmee het risico op zelfdestructie te verminderen of te elimineren, dan zal zij zich vermoedelijk verspreiden en andere planeten en sterrenstelsels koloniseren. Langeafstandsreizen door de ruimte zullen echter moeilijk blijven voor chemische levensvormen zoals wij, die gebaseerd zijn op DNA. De natuurlijke levensduur is kort vergeleken met de reistijd. Volgens de relativiteitstheorie kan niets sneller zijn dan het licht, dus een retour naar de dichtstbijzijnde ster duurt minstens acht jaar en naar het centrum van de Melkweg minstens vijftigduizend jaar. In sciencefiction wordt dit probleem omzeild met vervorming van de ruimtetijd of het reizen door extra dimensies. Maar ik denk niet dat een van beide ooit mogelijk zal zijn, hoe intelligent het leven ook wordt. Volgens de relativiteitstheorie kan men, als men sneller dan het licht kan reizen, ook teruggaan in de tijd en dat zou problemen opleveren als mensen die teruggaan iets in het verleden veranderen. Men zou ook verwachten dat we al vele toeristen uit de toekomst hadden gezien, die nieuwsgierig waren naar onze merkwaardige, ouderwetse levenswijze.

Het zou mogelijk kunnen zijn om genetische modificatie te gebruiken om op DNA gebaseerd leven oneindig te maken, of ten minste honderdduizend jaar. Maar een eenvoudiger manier, die bijna binnen onze mogelijkheden ligt, is om er machines naartoe te sturen. Die kunnen zo worden ontworpen dat ze het lang genoeg volhouden om interstellair te reizen. Als zij bij een andere ster aankomen, kunnen ze op een geschikte planeet landen en materialen delven en bewerken om meer machines te maken, die naar nog meer sterren kunnen worden uitgezonden. Die machines zouden dan een nieuwe levensvorm zijn, gebaseerd op mechanische en elektronische componenten in plaats van macromoleculen. Ze zouden zelfs uiteindelijk op DNA gebaseerd leven kunnen vervangen, net als DNA misschien eerdere levensvormen heeft vervangen.

•

Hoe groot is de kans dat we een of andere buitenaardse levensvorm treffen tijdens onze verkenning van de Melkweg? Als het argument over de tijdschaal hierboven over het verschijnen van leven op aarde correct is, dan moeten er nog veel meer sterren zijn waarvan planeten bewoond worden door leven. Sommige van deze sterrenstelsels kunnen wel vijf miljard jaar eerder dan de aarde zijn gevormd. Dus waarom krioelt de Melkweg dan niet van zelfontworpen mechanische of biologische levensvormen? Waarom is de aarde nooit bezocht, of zelfs gekoloniseerd? Overigens verwerp ik iedere suggestie dat er in ufo's wezens uit de ruimte zouden zitten en denk ik dat enig bezoek van aliens veel onmiskenbaarder zou zijn, en vermoedelijk ook veel onaangenamer.

Dus waarom hebben we nog geen bezoek gehad? Misschien is de kans dat leven spontaan ontstaat zo klein dat de aarde de enige planeet in de Melkweg is, of in het waarneembare heelal, waarop dit is gebeurd. Een andere mogelijkheid is dat de kans op het ontstaan van zichzelf reproducerende systemen, zoals cellen, redelijk groot was, maar dat de meeste van die levensvormen geen intelligentie ontwikkeld hebben. Wij denken gewoonlijk aan intelligent leven als het onvermijdelijke gevolg van evolutie, maar wat als dat het niet is? Het antropisch principe zou ons moeten waarschuwen voor dergelijke argumenten. Het is waarschijnlijker dat evolutie een willekeurig proces is en intelligentie slechts één uitkomst van een groot aantal mogelijke uitkomsten.

Het is niet eens duidelijk of intelligentie waarde heeft op lange termijn. Bacteriën en andere eencellige organismen kunnen verder leven op aarde als alle andere levensvormen door ons zijn vernietigd. Misschien was intelligentie wel een onwaarschijnlijke ontwikkeling voor het leven op aarde gezien de chronologie van de evolutie, aangezien het heel erg lang heeft geduurd, wel tweeënhalf miljard jaar, om van eencelligen te komen tot meercellige schepsels, en die zijn noodzakelijk als voorlopers van intelligente wezens. Dit is een aanmerkelijk deel van de tijd die nog rest voordat de zon uitdijt, dus dat zou passen bij de hypothese dat de kans dat leven intelligentie ontwikkelt, klein is. In dit geval kunnen we verwachten dat we wel veel andere levensvormen in de Melkweg zullen aantreffen, maar dat het onwaarschijnlijk is dat we intelligent leven aantreffen.

Het leven zou mogelijk ook geen intelligentie ontwikkelen als een planetoïde of komeet met de planeet in botsing zou komen. We hebben in 1994 een botsing waargenomen van een komeet, Schumacher-Levi, met de planeet Jupiter. Het gevolg was een reeks gigantische vuurbollen. Gedacht wordt dat de botsing van een veel kleiner hemellichaam met de aarde zo'n zesenzestig miljoen jaar geleden het uitsterven van de dinosaurussen tot gevolg heeft gehad. Enkele kleine zoogdieren overleefden de klap en de gevolgen ervan, maar iets zo groot als de mens werd uitgeroeid. Het is moeilijk te zeggen hoe vaak botsingen zich voordoen, maar een redelijke schatting zou zijn gemiddeld om de twintig miljoen jaar. Als dat cijfer juist is, dan zou dat betekenen dat intelligent leven op aarde zich alleen heeft kunnen ontwikkelen vanwege de kleine kans dat er de afgelopen zesenzestig miljoen jaar geen grote botsingen hebben plaatsgevonden. Andere planeten van de Melkweg waarop leven is ontstaan, hebben misschien nog geen botsingvrije periode meegemaakt die lang genoeg duurde voor de ontwikkeling van intelligente wezens.

Een derde mogelijkheid is dat de kans redelijk groot is dat leven zich vormt en evolueert tot intelligente wezens, maar dat het systeem instabiel wordt en het intelligente leven zichzelf vernietigt. Dat zou een wel heel pessimistische conclusie zijn en ik hoop van harte dat het niet zo is.

Mijn voorkeur heeft de vierde mogelijkheid: dat er ergens andere vormen van intelligent leven zijn, maar dat die tot nu toe over het hoofd zijn gezien. In 2015 was ik betrokken bij de lancering van de Breakthrough Initiatives, een programma van wetenschappelijke en technologische verkenning dat minstens tien jaar zal gaan duren. Breakthrough Listen gaat het heelal afzoeken naar radiogolven van intelligent buitenaards leven en met de modernste faciliteiten, honderd miljoen dollar en duizenden uren gerichte telescooptijd is het het grootste wetenschappelijk onderzoeksprogramma ooit, gericht op het vinden van buitenaardse beschavingen. Breakthrough Message is een internationale competitie om boodschappen te coderen die gelezen zouden kunnen worden door een gevorderde beschaving. Wel moeten we voorzichtig zijn met reageren totdat onze ontwikkeling nog iets verder is. Het ontmoeten van een geavanceerdere samenleving in ons huidige stadium kan wel eens een beetje lijken op hoe de oorspronkelijke bewoners van Amerika Columbus en zijn manschappen ontmoet hebben – en ik denk niet dat zij denken dat zij er het voordeligst vanaf zijn gekomen.

4

KUNNEN WE DE TOEKOMST VOORSPELLEN?

In vroeger tijden moet de wereld er nogal als een willekeurige plaats hebben uitgezien. Rampen als overstromingen, aardbevingen, vulkaanuitbarstingen en uitbraken van besmettelijke ziekten gebeurden ogenschijnlijk zonder waarschuwing of zichtbare oorzaak. De primitieve mens schreef dergelijke natuurverschijnselen toe aan een wereld van goden en godinnen, die eigenzinnig en wispelturig waren. Op geen enkele wijze kon worden voorspeld wat ze zouden gaan doen en de enige mogelijkheid was ze gunstig te stemmen met geschenken of handelingen. Veel mensen geloven hier nog steeds in en proberen een pact te sluiten met het lot. Ze beloven bepaalde dingen te doen, als ze maar een tien krijgen voor een tentamen of slagen voor hun rijexamen.

Maar geleidelijk moeten mensen toch bepaalde regelmatigheden hebben opgemerkt in het gedrag van de natuur. Deze regelmatigheden waren bijzonder goed zichtbaar in de beweging van de hemellichamen door het uitspansel. Zo kwam de astronomie tot ontwikkeling als de eerste wetenschap. Meer dan driehonderd jaar geleden voorzag Newton deze van een stevige wiskundige basis en we gebruiken zijn theorie over de zwaartekracht nog steeds om de beweging van bijna alle hemellichamen te voorspellen. Met de astronomie als voorbeeld werd ontdekt dat ook andere natuurverschijnselen gehoorzaamden aan onwrikbare wetenschappelijke wetten. Dit leidde tot het idee van wetenschappelijk determinisme, dat voor de eerste keer in het openbaar tot uitdrukking werd gebracht door de Franse geleerde Pierre-Simon Laplace. Ik zou de woorden van Laplace hier graag herhalen, maar Laplace was net als Proust: hij schreef buitensporig lange en ingewikkelde zinnen. Ik heb daarom besloten het citaat in mijn eigen woorden weer te geven. Wat hij in feite zei, was dat we, als we op een gegeven moment de posities en snelheden van alle deeltjes in het heelal kennen, in staat zijn hun gedrag op enig moment in het verleden of de toekomst te voorspellen. Er doet een vermoedelijk apocrief verhaal de ronde dat, toen Laplace door Napoleon werd gevraagd hoe God in dit stelsel paste, hij zou hebben geantwoord: 'Sire, die hypothese heb ik niet nodig gehad.' Ik denk niet dat Laplace beweerde dat God niet bestond, alleen dat Hij zich er niet mee bemoeit om de natuurwetten, de wetten van de wetenschap, niet te overtreden. Dat moet het standpunt zijn geweest van iedere wetenschapper. Een wetenschappelijke wet is geen wetenschappelijke wet als die alleen geldig is zolang een of ander bovennatuurlijk wezen besluit de natuur haar gang te laten gaan en zich er niet mee te bemoeien.

De gedachte dat de toestand van het heelal op een bepaald moment de toestand bepaalt op alle andere momenten, is sinds de tijd van Laplace een grondbeginsel van de wetenschap. Het betekent dat we de toekomst kunnen voorspellen, in principe tenminste. In de praktijk wordt ons vermogen om de toekomst te voorspellen in hoge mate beperkt door de complexiteit van de vergelijkingen en door het feit dat die vaak een eigenschap hebben die we chaos noemen. Zoals iedereen weet die *Jurassic Park* heeft gezien, betekent dit dat een kleine verstoring op de ene plaats een enorme verstoring op een andere plaats tot gevolg kan hebben. De vleugelslag van een vlinder in Australië kan het laten regenen in Central Park, New York. Het probleem is echter dat dat niet herhaalbaar is. De volgende keer dat de vlinder met zijn vleugels slaat, zijn een heleboel andere dingen anders, en die hebben ook zo hun invloed op het weer. Door de factor chaos zijn weersvoorspellingen zo onbetrouwbaar.

Ondanks dergelijke praktische problemen bleef het wetenschappelijk determinisme de hele negentiende eeuw het officiële dogma. Maar in de twintigste eeuw hebben zich twee ontwikkelingen voorgedaan die laten zien dat de visie van Laplace, namelijk dat de toekomst volledig voorspelbaar zou worden, nooit uit zal kunnen komen. De eerste van die ontwikkelingen was de kwantummechanica. Deze theorie werd in 1900 geopperd door de Duitse natuurkundige Max Planck als een ad-hochypothese, een speciaal voor de gelegenheid opgestelde theorie om een opmerkelijke paradox op te lossen. Volgens de klassieke negentiende-eeuwse ideeën, die teruggingen tot Laplace, zou een heet lichaam, zoals een stuk roodgloeiend ijzer, straling afgeven. Het zou energie verliezen in de vorm van radiogolven, infrarood, zichtbaar licht, ultraviolet, röntgenstraling en gammastraling, en dat alles in dezelfde mate. Dit zou echter niet alleen betekenen dat we allemaal doodgaan aan huidkanker, maar ook dat alles in het heelal dezelfde temperatuur zou hebben, wat duidelijk niet het geval is.

Planck liet echter zien dat deze ramp vermeden kan worden als men het idee opgeeft dat de hoeveelheid straling iedere waarde zou kunnen hebben en in plaats daarvan zou aannemen dat straling alleen in pakketjes, in kwanta, van een bepaalde grootte verschijnt. Het is enigszins als zeggen dat je in de supermarkt geen suiker los kunt kopen, maar alleen in zakken van een kilo. De energie in de kwanta is hoger voor ultraviolette en röntgenstralen dan voor infrarood en zichtbaar licht. Het betekent dat, behalve als een lichaam heel erg heet is, zoals de zon, het onvoldoende energie zal hebben om zelfs maar een enkel kwantum ultraviolette of röntgenstralen uit te stralen. Daardoor krijgen we geen zonverbrande huid van een kopje koffie.

Planck zelf beschouwde zijn idee van kwanta als een wiskundig trucje en niet als natuurkundige werkelijkheid, wat dat ook mocht betekenen. Maar natuurkundigen kwamen andere gedragingen op het spoor die alleen verklaard konden worden in termen van grootheden die discrete, dat wil zeggen onveranderlijke of gekwantificeerde waarden hadden in plaats van variabele waarden. Zo werd ontdekt dat elementaire deeltjes zich als tollen gedragen: ze draaien om hun eigen as. Maar de mate van draaiing, van 'spin', kon niet willekeurig zijn. Het moest een veelvoud zijn van een bepaalde basiseenheid. Omdat die eenheid heel erg klein is, merkt men niet op dat een normale spin in werkelijkheid in een snelle reeks discrete stapjes afneemt en niet in een continu proces. Maar voor tollen zo klein als atomen is de discrete aard van de spin van het grootste belang.

Het duurde even voordat mensen begrepen wat de gevolgen waren van dit kwantumgedrag voor het determinisme. Pas in 1927 wees Werner Heisenberg, ook een Duitse natuurkundige, erop dat je niet tegelijkertijd zowel de positie als de snelheid van een deeltje exact kunt meten. Om te zien waar een deeltje zich bevindt, moet je er licht op laten schijnen. Maar volgens Plancks werk kun je hiervoor niet een willekeurig klein beetje licht gebruiken: je moet minstens één kwantum nemen. Dit zal echter het deeltje verstoren en zijn snelheid op onvoorspelbare wijze veranderen. Om de positie van een deeltje accuraat te bepalen, zul je licht moeten gebruiken met een korte golflengte, zoals ultraviolette, röntgen- of gammastralen. Maar opnieuw volgens Plancks werk hebben kwanta van deze vormen van licht meer energie dan die van zichtbaar licht. Ze zullen dus de snelheid van het deeltje ook meer beïnvloeden. Je kunt dit nooit goed doen: hoe nauwkeuriger je de positie van het deeltje probeert te meten, hoe minder nauwkeurig je de snelheid kunt bepalen en andersom. Dit wordt samengevat in de onzekerheidsrelatie die Heisenberg formuleerde: de onzekerheid over de plaats van een deeltje keer de onzekerheid van zijn snelheid is altijd groter dan de grootheid die de constante van Planck wordt genoemd, gedeeld door tweemaal de massa van het deeltje.

Laplace' visie op grond van wetenschappelijk determinisme betrof het kennen van de posities en de snelheden van de deeltjes van het heelal op één gegeven moment. En dat werd nu ernstig ondermijnd door Heisenbergs onzekerheidsrelatie. Hoe kan men de toekomst voorspellen als men niet nauwkeurig zowel positie als snelheid van deeltjes op dit moment kan meten? Hoe krachtig je computer ook is, als je er beroerde data in stopt komen er beroerde voorspellingen uit.

Einstein was erg ongelukkig met deze kennelijke willekeur van de natuur. Zijn visie hierop vatte hij zelf kernachtig samen: 'God dobbelt niet.' Hij leek het idee te hebben gehad dat de onzekerheid slechts provisorisch was en dat er een onderliggende realiteit was waarin deeltjes wel goed bepaalde posities en snelheden bezaten en zich zouden ontwikkelen volgens de deterministische wetten in de geest van Laplace. Deze werkelijkheid was God misschien bekend, maar de kwantumaard van licht zou voorkomen dat wij die zien, behalve 'door een spiegel in een duistere rede' (1 Korintiërs 13:12).

Einsteins visie was wat we nu een theorie van verborgen variabelen zouden noemen. Theorieën van verborgen variabelen lijken de meest voor de hand liggende manier om de onzekerheidsrelatie op te nemen in de natuurkunde. Ze vormen de basis van het mentale plaatje van het heelal dat veel wetenschappers en bijna alle wetenschapsfilosofen koesteren. Maar deze verborgen-variabelentheorieën zijn onjuist. De Britse natuurkundige John Bell heeft een experiment ontworpen dat deze theorieën kan falsifiëren, weerleggen. Als het experiment zorgvuldig werd gedaan, dan waren de resultaten onverenigbaar met verborgen variabelen. Het lijkt er dus op dat zelfs God gebonden is aan de onzekerheidsrelatie en niet tegelijkertijd positie en snelheid van een deeltje kan kennen. God dobbelt dus wel degelijk met het heelal. Alles wijst erop dat hij een onverbeterlijke gokker is, die bij iedere gelegenheid met dobbelstenen gooit.

Andere wetenschappers waren bereidwilliger dan Einstein om de klassieke negentiende-eeuwse opvattingen over het determinisme af te zwakken. Door Heisenberg, de Oostenrijker Erwin Schrödinger en de Britse natuurkundige Paul Dirac werd een nieuwe theorie opgesteld: de kwantummechanica. Dirac was vóór James Lighthill mijn voorganger als Lucasian Professor of Mathematics in Cambridge. Hoewel de kwantummechanica nu al bijna een eeuw bestaat, wordt die nog steeds niet algemeen begrepen of erkend, zelfs niet door hen die haar gebruiken om berekeningen uit te voeren. Toch zouden we haar enigszins moeten begrijpen, omdat de kwantummechanica een compleet ander beeld geeft van het fysieke heelal en van de werkelijkheid zelf. Volgens de kwantummechanica hebben deeltjes geen goed gedefinieerde positie en snelheid. In plaats daarvan worden ze geformuleerd in termen van zogenaamde golffuncties. Een golffunctie is een getal op iedere positie in de ruimte. De grootte van de golffunctie geeft de waarschijnlijkheid aan dat het deeltje zich op die positie bevindt. De mate waarin de golffunctie van punt tot punt varieert, geeft de snelheid van het deeltje aan. Men kan een golffunctie hebben met een heel hoge piek in een klein gebied. Dat betekent dan dat de onzekerheid op die positie klein is. Maar de golffunctie varieert heel sterk bij de piek, waar hij aan de ene kant plotseling omhooggaat en aan de andere kant omlaag. De onzekerheid van de snelheid is dus groot. En men kan dus ook golffuncties hebben waarvan de snelheid klein is maar de onzekerheid over de positie groot.

De golffunctie bevat alles wat er te weten valt over een deeltje, zowel zijn positie als zijn snelheid. Als je op een gegeven moment de golffunctie weet, dan worden haar waarden op andere momenten bepaald door wat de schrödingervergelijking genoemd wordt. Er is dus nog steeds een bepaald soort determinisme, maar niet

Is het binnen de wetten die het heelal beheersen, mogelijk dat we precies kunnen voorspellen wat er met ons in de toekomst gaat gebeuren?

Het korte antwoord hierop is nee, en ja. In principe zouden we aan de hand van de natuurwetten de toekomst moeten kunnen voorspellen. Maar in de praktijk zijn de berekeningen vaak te ingewikkeld.

van het type dat Laplace voor ogen had. We kunnen niet de positie en snelheid van deeltjes bepalen, maar wel de golffunctie. Dit betekent dat we slechts de helft kunnen voorspellen van wat we zouden moeten kunnen voorspellen volgens de klassieke, negentiende-eeuwse visie.

Hoewel kwantummechanica dus tot onzekerheid leidt, kunnen we wel, als we proberen zowel positie als snelheid te bepalen, één combinatie van positie en snelheid met zekerheid voorspellen. Echter, zelfs deze mate van zekerheid wordt door recente ontwikkelingen bedreigd. Het probleem ontstaat doordat de zwaartekracht de ruimtetijd zo krom kan trekken, dat er gebieden zijn die we niet kunnen waarnemen.

Een dergelijk gebied is het inwendige van zwarte gaten. Het betekent dat we de deeltjes in een zwart gat niet kunnen waarnemen, zelfs niet in principe. Dat heeft tot gevolg dat we hun posities en snelheden helemaal niet kunnen meten. De vraag is nu of dit nog meer onvoorspelbaarheid introduceert buiten die, die al volgens de kwantummechanica bestaat.

Kortom, de klassieke visie, zoals geformuleerd door Laplace, was dat de toekomstige beweging van deeltjes compleet bepaald was als men hun positie en snelheid op een gegeven moment maar kende. Deze visie moest worden aangepast toen Heisenberg zijn onzekerheidsrelatie postuleerde, die stelt dat je niet zowel positie als snelheid nauwkeurig kunt kennen. Het was echter nog steeds mogelijk om één combinatie van positie en snelheid te voorspellen. Maar zelfs deze beperkte voorspelbaarheid lijkt te verdwijnen als rekening wordt gehouden met zwarte gaten.

5

WAT ZIT ER IN EEN ZWART GAT?

Gezegd wordt dat de werkelijkheid soms nog vreemder is dan de fantasie en nergens is dat zozeer het geval als bij zwarte gaten. Zwarte gaten zijn vreemder dan wat sciencefictionschrijvers ooit hebben kunnen verzinnen, maar ze behoren wel degelijk tot de wetenschappelijke werkelijkheid.

De eerste keer dat het bestaan van zwarte gaten werd geopperd, was in 1783 door een man van Cambridge, John Michell. Zijn redenatie was als volgt. Als men een deeltje, een kanonskogel bijvoorbeeld, verticaal de lucht inschiet, dan zal de snelheid geleidelijk aan afnemen door de zwaartekracht. Uiteindelijk zal het deeltje helemaal niet meer naar boven gaan en naar beneden vallen. Echter, als de oorspronkelijke opwaartse snelheid groter zou zijn dan een bepaalde kritische waarde, ontsnappingssnelheid genoemd, dan zou de zwaartekracht het deeltje nooit kunnen stoppen en zou het ontsnappen. Voor de aarde is die ontsnappingssnelheid ruim 11 kilometer per seconde en voor de zon ruim 617 kilometer. Deze snelheden zijn veel groter dan die van een echte kanonskogel. Maar ze zijn toch nog klein vergeleken met de snelheid van het licht, die 300.000 kilometer per seconde is. Daardoor kan licht zonder enig probleem van de aarde en de zon ontsnappen. Michell beweerde dat er sterren denkbaar waren die veel zwaarder waren dan de zon en ontsnappingssnelheden moesten hebben die groter waren dan de snelheid van het licht. Wij zouden niet in staat zijn ze te zien, doordat het licht dat ze misschien uitstraalden, door de zwaartekracht naar beneden werd getrokken. Het zouden dus zwarte sterren zijn, zoals Michell ze noemde, en wij noemen het nu zwarte gaten.

Om ze te begrijpen, moeten we beginnen met de zwaartekracht. Zwaartekracht of gravitatie wordt beschreven met Albert Einsteins algemene relativiteitstheorie, een theorie over zowel ruimte en tijd als zwaartekracht. Het gedrag van ruimte en tijd wordt beheerst door een reeks vergelijkingen, de zogenaamde einsteinvergelijkingen, die hij in 1915 formuleerde. Hoewel zwaartekracht verreweg de zwakste is van de bekende natuurkrachten, heeft zij twee grote voordelen boven de andere. Het eerste is dat zij op grote afstand nog werkt. De aarde wordt in haar baan gehouden door de zwaartekracht van de zon, 149,6 miljoen kilometer bij ons vandaan, en de zon wordt in haar baan rond het centrum van de Melkweg gehouden, waar ze zo'n 27.000 lichtjaren vandaan ligt. Het tweede voordeel is dat zwaartekracht altijd aantrekt, in tegenstelling tot elektrische krachten die aantrekken en afstoten. Deze twee kenmerken betekenen dat als de ster maar groot genoeg is, de aantrekkingskracht tussen deeltjes alle andere krachten kan overheersen en kan leiden tot een zwaartekrachtimplosie of -ineenstorting. Ondanks deze feiten duurde het lang voordat de wetenschappelijke gemeenschap besefte dat zware sterren ineen konden storten door hun eigen zwaartekracht en had beredeneerd hoe het object dat overbleef, zich zou gedragen. Einstein schreef in 1939 zelfs nog een artikel waarin hij beweerde dat sterren nooit door hun eigen zwaartekracht konden imploderen omdat materie niet verder dan tot een bepaald punt ineen kon worden geperst. Veel geleerden deelden Einsteins intuïtie. De voornaamste uitzondering was de Amerikaanse geleerde John Wheeler, die in velerlei opzicht de held is in het verhaal over zwarte gaten. In zijn werk van de jaren 1950-1960 benadrukte hij dat veel sterren uiteindelijk zullen instorten en verkende hij de problemen waar de theoretische natuurkunde hierdoor voor zou komen te staan. Hij voorzag ook veel van de eigenschappen van de objecten die ingestorte sterren, dat wil zeggen zwarte gaten, werden.

Gedurende het grootste deel van het leven van een ster, dat wil zeggen vele miljarden jaren, zal zij zichzelf overeind houden tegen haar eigen zwaartekracht in door de innerlijke thermische druk van nucleaire processen die waterstof omzetten in helium. Maar uiteindelijk zal de ster de nucleaire brandstof hebben opgebruikt. Ze zal dan samentrekken. In sommige gevallen kan ze zichzelf dan handhaven als een witte dwerg. Maar in 1930 toonde Subrahmanyan Chandrasekhar aan dat de maximale massa van een witte dwerg ongeveer 1,4 keer die van de zon is. Een vergelijkbare maximale massa werd berekend door de Russische wetenschapper Lev Landau voor een ster die uitsluitend uit neutronen bestaat.

Wat zou het lot zijn van die talloze sterren met een grotere massa dan de maximale massa van een witte dwerg of een neutronenster, als ze hun nucleaire brandstof eenmaal hadden opgemaakt? Dat probleem werd onderzocht door Robert Oppenheimer, die later befaamd zou worden als een van de uitvinders van de atoombom. In 1939 toonde hij met George Volkoff en Hartland Snyder in enkele artikelen aan dat een dergelijke ster niet door interne druk kon blijven bestaan. En dat, als men die druk negeerde, een uniform systematisch ronde symmetrische ster in zou krimpen tot een enkel punt van oneindige dichtheid. Een dergelijk punt wordt singulariteit genoemd. Al onze theorieën over de ruimte zijn geformuleerd met als uitgangspunt dat de ruimtetijd glad en bijna vlak is, en ze zijn dus niet meer geldig bij een singulariteit, waar de kromming van de ruimtetijd oneindig is. Het markeert feitelijk het einde van de ruimte en de tijd zelf. Dat is waar Einstein zich zo hevig tegen verzette.

En toen brak de Tweede Wereldoorlog uit. Veel natuurkundigen, onder wie Oppenheimer, verlegden hun aandacht naar kernfysica en de zaak van de zwaartekrachtineenstorting werd door de meesten vergeten. De belangstelling laaide pas weer op met de ontdekking van verre hemellichamen, quasars. De eerste quasar, 3C 273, werd in 1963 ontdekt en er zouden er nog vele volgen. Ze zijn helder, ondanks hun grote afstand van de aarde. Nucleaire processen kunnen de hoeveelheid energie die ze uitstralen niet verklaren, omdat ze slechts een klein deel van hun restmassa als zuivere energie uitstralen. Het enige alternatief was zwaartekrachtenergie die teweeggebracht werd door zwaartekrachtineenstorting.

De zwaartekrachtineenstorting van sterren stond weer op de kaart. Het was duidelijk dat een uniform ronde ster zou samentrekken tot een punt van oneindige dichtheid, een singulariteit. Maar wat zou er gebeuren als de ster niet zo uniform en rond was? Kon het daardoor gebeuren dat delen van de ster elkaar misten en een singulariteit ontweken? In een opmerkelijk artikel toonde Roger Penrose aan dat er toch een singulariteit zou ontstaan en hij gebruikte daarvoor alleen het feit dat zwaartekracht een aantrekkingskracht is.

De einsteinvergelijkingen zijn bij een singulariteit niet meer van toepassing. Dit betekent dat op dit punt van eindeloze dichtheid de toekomst niet meer kan worden voorspeld. Dit houdt in dat er bij de ineenstorting van een ster iets heel merkwaardigs kan gebeuren. Wij zouden niets merken van de onmogelijkheid van het voorspellen als de singulariteiten niet naakte singulariteiten zijn, dat wil zeggen niet beschermd worden van buitenaf. Penrose stelde hier de *cosmic censorship conjecture* voor, de kosmische-censuurhypothese, volgens welke alle singulariteiten die worden gevormd door de ineenstorting van sterren of andere hemellichamen, onzichtbaar in zwarte gaten verborgen zitten. Een zwart gat is een regio waar de zwaartekracht zo sterk is dat zelfs licht niet kan ontsnappen. De kosmische-censuurhypothese is bijna zeker waar; alle pogingen om haar te weerleggen hebben tot nu toe gefaald.

Toen John Wheeler de term zwart gat in 1967 muntte, verving die de eerdere termen 'zwarte ster' en 'bevroren ster'. Wheelers term benadrukte dat de resten van ineengestorte sterren op zich interessant zijn, onafhankelijk van hoe ze zijn ontstaan. De nieuwe naam beklijfde direct.

Van buitenaf kun je niet zeggen wat zich in een zwart gat bevindt. Wat je er ook ingooit, of hoe het ook gevormd is, zwarte gaten zien er allemaal hetzelfde uit. John Wheeler is ook bekend omdat hij dit principe als volgt uitdrukte: 'Een zwart gat heeft geen haar.'

Een zwart gat heeft een grens die de waarnemingshorizon wordt genoemd. Die ligt daar waar de zwaartekracht van de ineengestorte ster nog net sterk genoeg is om licht terug te trekken en te voorkomen dat het ontsnapt. Omdat niets zich sneller kan voortplanten dan het licht, zal ook al het andere naar binnen gezogen worden. Vallen door die waarnemingshorizon lijkt een beetje op het varen over de Niagarawatervallen in een kano. Ben je boven de waterval, dan kun je nog wegkomen, als je maar hard genoeg peddelt, maar als je eenmaal over de rand bent, ben je verloren. Er is geen weg terug. Hoe dichter je bij de waterval komt, hoe sterker de stroom wordt. Dit betekent dat de stroom harder aan de voorkant van de kano trekt dan aan de achterkant. Het gevaar bestaat dan dat de kano uit elkaar getrokken wordt. Met zwarte gaten is het niet anders. Als je met je voeten eerst naar een zwart gat wordt getrokken, dan trekt de zwaartekracht harder aan je voeten dan aan je hoofd omdat die zich dichter bij het zwarte gat bevinden. Het gevolg is dat je in de lengte uiteengetrokken wordt en in de breedte in elkaar geperst. Als het zwarte gat een massa heeft van enkele keren die van onze zon, dan zou je helemaal uit elkaar worden getrokken en ben je spaghetti voordat je bij de horizon bent aanbeland. Maar als je in een veel groter zwart gat valt met een massa van meer dan een miljoen keer die van de zon, dan zou je de horizon moeiteloos bereiken. Dus als je de binnenkant van een zwart gat wilt verkennen, zoek dan een groot zwart gat. In het midden van onze eigen Melkweg is een zwart gat te vinden met een massa van ongeveer vier miljoen keer die van de zon.

Hoewel je niets bijzonders zou merken als je in een zwart gat viel, zou iemand die van een afstand naar je kijkt, je nooit de waarnemingshorizon over zien steken. Het zou in plaats daarvan lijken alsof je steeds langzamer gaat en er net buiten blijft dwalen. Je beeld wordt vager en vager en roder en roder, totdat je uit het zicht verdwenen bent. Wat de buitenwereld aangaat, ben je voorgoed verloren.

Kort na de geboorte van onze dochter Lucy had ik een eurekamoment. Het gebiedstheorem kwam in me op. Als de algemene relativiteitstheorie correct is en de energiedichtheid van materie positief, zoals gewoonlijk het geval is, dan bezit het oppervlaktegebied van de waarnemingshorizon, de grens van een zwart gat, de eigenschap dat het altijd toeneemt als er meer materie of straling in het zwarte gat valt. En als twee zwarte gaten op elkaar botsen en fuseren om één zwart gat te vormen, zal het gebied van de waarnemingshorizon rondom dat nieuwe zwarte gat bovendien groter zijn dan de som van de gebieden van de waarnemingshorizonnen rond de oorspronkelijke twee zwarte gaten. Het gebiedstheorem is experimenteel getest door LIGO. Op 14 september 2015 nam LIGO zwaartekrachtgolven van een botsing en de resulterende fusie van een dubbelzwart gat waar. Uit de vorm van de golf kan worden afgeleid wat de massa's en de impulsmomenten waren van de zwarte gaten en via het geen-haartheorem bepalen zij de horizongebieden.

Deze eigenschappen suggereren dat er een overeenkomst is tussen het gebied van de waarnemingshorizon van een zwart gat en de conventionele klassieke natuurkunde, en dan met name het concept van de entropie in de thermodynamica. Entropie kan worden beschouwd als een maat voor de wanorde in een systeem, of daaraan gelijkstaand, als een gebrek aan kennis over de precieze toestand van dat systeem. De bekende tweede wet van de thermodynamica zegt dat entropie altijd in de tijd toeneemt. Deze ontdekking was de eerste aanwijzing voor dit cruciale verband.

De analogie tussen de eigenschappen van zwarte gaten en de wetten van de thermodynamica kan worden uitgebreid. Volgens de eerste wet van de thermodynamica gaat een kleine verandering in de entropie van een systeem vergezeld van een evenredige verandering in de energie van het systeem. Brandon Carter, Jim Bardeen en ik vonden een vergelijkbare wet volgens welke er een verband bestaat tussen de verandering in de massa van een zwart gat en een verandering in het gebied van de waarnemingshorizon. De factor van evenredigheid betreft hier een grootheid genaamd oppervlaktezwaartekracht, hetgeen een maat is voor de sterkte van het zwaartekrachtveld aan de waarnemingshorizon. Als je aanvaardt dat het gebied van de waarnemingshorizon analoog is aan entropie, dan lijkt daaruit te volgen dat oppervlaktezwaartekracht analoog is aan temperatuur. Deze overeenkomst wordt nog eens versterkt door het feit dat de oppervlaktezwaartekracht gelijk blijkt te zijn op ieder punt van de waarnemingshorizon, net als de temperatuur gelijk is in een lichaam in thermodynamisch evenwicht.

Hoewel er een duidelijke overeenkomst is tussen entropie en het gebied van de waarnemingshorizon, was het ons niet duidelijk hoe dat gebied kon worden geïdentificeerd als de entropie van het zwarte gat zelf.

Wat zou de entropie van een zwart gat betekenen? De cruciale suggestie kwam in 1972 van Jacob Bekenstein, toen doctoraalstudent aan Princeton University. Zijn idee luidde als volgt. Als een zwart gat ontstaat door zwaartekrachtineenstorting, dan komt het snel in een stabiele toestand die gekenmerkt wordt door drie parameters: de massa, het impulsmoment of de rotatie, en de elektrische lading.

Daardoor lijkt het alsof het voor de finale toestand van een zwart gat niet uitmaakt of het lichaam dat ineenstortte, bestond uit materie of antimaterie en of het bolvormig was of hoogst onregelmatig van vorm. Met andere woorden, een zwart gat met een gegeven massa, impulsmoment en elektrische lading zou kunnen zijn ontstaan door de ineenstorting van een groot aantal verschillende configuraties van materie. Dus wat hetzelfde zwarte gat lijkt, kan zijn gevormd door de ineenstorting van een groot aantal verschillende soorten sterren. Als kwantumeffecten worden genegeerd, dan zou het aantal configuraties oneindig groot zijn aangezien het zwarte gat kan zijn ontstaan door de ineenstorting van een wolk bestaande uit een oneindig groot aantal deeltjes met een onbeperkt kleine massa. Maar kán het aantal configuraties wel oneindig zijn?

De kwantummechanica bestaat niet zonder de onzekerheidsrelatie. Die houdt in dat het onmogelijk is zowel de positie als de snelheid van een object te meten. Als je weet waar iets precies is, dan is de snelheid onbepaald. En als je de snelheid van iets vaststelt, dan is de positie onbepaald. In de praktijk betekent dit dus dat het onmogelijk is om wat dan ook te lokaliseren. Stel dat je de omvang van iets wilt meten; dan moet je bepalen waar de uiteinden van het bewegende object zich bevinden. Dit kun je nooit precies bepalen aangezien je daarvoor zowel de positie van iets als zijn snelheid tegelijkertijd moet meten. Het is daardoor onmogelijk om de omvang van het object te bepalen. Het enige wat je kunt doen is zeggen dat de onzekerheidsrelatie het onmogelijk maakt te zeggen wat de omvang van iets precies is. Het blijkt dat de onzekerheidsrelatie een grens stelt aan de omvang van iets. Na enig rekenwerk blijkt dat er voor een gegeven massa van een object een minimum omvang bestaat. Deze minimale omvang is klein voor zware objecten, maar als men naar steeds lichtere objecten kijkt, dan wordt de omvang steeds groter. Als deze ideeën worden gecombineerd met die van de algemene relativiteitstheorie, dan volgt daaruit dat alleen objecten die zwaarder zijn dan een bepaald gewicht zwarte gaten kunnen vormen. Dat gewicht is ongeveer hetzelfde als dat van een zoutkorrel. Een ander gevolg van deze ideeën is dat het aantal configuraties die een zwart gat kunnen vormen van een gegeven massa, impulsmoment en elektrische lading, weliswaar heel groot kan zijn, maar toch eindig is. Jacob Bekenstein suggereerde dat men uit dit eindige aantal de entropie van een zwart gat zou kunnen afleiden. Dit zou een maat zijn voor de hoeveelheid informatie die onherroepelijk verloren is gegaan tijdens de ineenstorting waarbij een zwart gat is ontstaan.

De klaarblijkelijk fatale vergissing in Bekensteins suggestie was dat als een zwart gat een eindige entropie heeft die evenredig is met het gebied van zijn waarnemingshorizon, het ook een eindige temperatuur moet hebben die evenredig is met zijn oppervlaktezwaartekracht. Dit zou betekenen dat een zwart gat in evenwicht kan zijn met de thermodynamische straling bij een temperatuur anders dan nul. Maar volgens klassieke concepten is zo'n evenwicht onmogelijk aangezien het zwarte gat iedere thermodynamische straling die erop viel, zou absorberen maar per definitie in ruil daarvoor niets zou kunnen uitstralen. En als het niets kan uitstralen, dan kan het ook geen warmte uitstralen.

Hier ontstond een paradox over de aard van zwarte gaten, objecten met een ongelooflijk grote dichtheid die zijn ontstaan door de ineenstorting van sterren. Volgens één theorie konden zwarte gaten met identieke eigenschappen zijn gevormd uit een oneindig aantal verschillende soorten sterren. Volgens een andere is het aantal echter beperkt. Dit is een probleem van informatie, van het idee dat ieder deeltje en iedere kracht in het heelal informatie bevat.

Omdat zwarte gaten geen haar hebben, zoals John Wheeler het uitdrukte, kan van buiten niet worden bepaald wat er in een zwart gat zit, afgezien van massa, elektrische lading en impulsmoment of rotatie. Dit betekent dat een zwart gat een heleboel informatie moet bevatten, die onzichtbaar is voor de buitenwereld. Maar er zit een grens aan de hoeveelheid informatie die in een gebied in de ruimte kan bestaan. Voor informatie is energie nodig en energie heeft massa volgens Einsteins befaamde vergelijking $E=mc^2$. Dus als zich in een bepaald gebied van de ruimte te veel informatie bevindt, dan zal het ineenstorten tot een zwart gat en de omvang van dat zwarte gat zal de hoeveelheid informatie weerspiegelen. Het is als het opbergen van meer en meer boeken in een bibliotheek. Uiteindelijk zullen de planken doorzakken en breken en zal de hele bibliotheek ineenstorten tot een zwart gat.

Als de hoeveelheid in een zwart gat verborgen informatie afhangt van de omvang van het gat, dan zou men op grond van algemene principes denken dat het zwarte gat een temperatuur heeft en zou gloeien als een stuk roodgloeiend ijzer. Maar dat is onmogelijk, omdat zoals iedereen weet, niets uit een zwart gat kan ontsnappen. Dat dacht men tenminste.

Dit probleem bleef bestaan tot begin 1974, toen ik onderzocht of het gedrag van materie in de buurt van een zwart gat overeenkomstig de kwantummechanica was. Tot mijn grote verrassing leek het alsof het zwarte gat heel gelijkmatig deeltjes uitstootte. Net als iedereen in die tijd wist ik zeker dat een zwart gat niets uit kon stralen. Ik deed dan ook erg veel moeite om te proberen van dit lastige verschijnsel af te komen. Maar hoe harder ik erover nadacht, hoe hardnekkiger het weigerde te verdwijnen en ten slotte moest ik het wel aanvaarden. Wat me er uiteindelijk van overtuigde dat het een werkelijk natuurkundig proces was, was dat de ontsnappende deeltjes een spectrum hebben dat precies thermisch was, dat wil zeggen een temperatuur heeft. Mijn berekeningen voorspelden dat een zwart gat deeltjes en straling vormt en uitstraalt, net alsof het een gewoon heet lichaam is, met een temperatuur die evenredig is aan de oppervlaktezwaartekracht en omgekeerd evenredig aan de massa. Dat maakte de problematische suggestie van Jacob Bekenstein dat een zwart gat een eindige entropie heeft, wel degelijk consistent, aangezien dat impliceerde dat een zwart gat in thermisch evenwicht kon zijn bij een bepaalde temperatuur anders dan nul.

Sinds deze ontdekking is het wiskundige bewijs dat zwarte gaten warmtestraling uitzenden, bevestigd door verschillende mensen met verschillende benaderingen. Een manier om die straling te begrijpen is als volgt. De kwantummechanica zegt dat de hele ruimte gevuld is met paren van virtuele deeltjes en antideeltjes, die zich constant materialiseren in paren, uit elkaar gaan en dan weer samenkomen om elkaar te vernietigen. Deze deeltjes worden virtueel genoemd omdat ze, in tegenstelling tot reële deeltjes, niet direct kunnen worden waargenomen met een deeltjesdetector. Hun indirecte effecten kunnen echter wel worden gemeten en hun bestaan is bevestigd door een kleine verschuiving, de zogenaamde Lambverschuiving, die ze produceren in het lichtspectrum, dat wil zeggen de energieniveaus,

Kan een ruimtereiziger beter niet in een zwart gat vallen?

Absoluut. Als het een stellair zwart gat zou zijn, dan zou je tot spaghetti zijn uitgerekt nog voor je de horizon had bereikt. Anderzijds, als het een supermassief zwart gat is, dan zou je de horizon makkelijk kunnen oversteken, maar tot niets geperst worden in de singulariteit.

van aangeslagen waterstofatomen. Het kan voorkomen dat in de buurt van een zwart gat één partner van een virtueel deeltjespaar in het gat valt waardoor het andere overblijft zonder partner om elkaar te vernietigen. Het verlaten deeltje of antideeltje kan alsnog zijn partner achternagaan, maar ook ontsnappen naar oneindigheid, waar het lijkt alsof het straling is die door het zwarte gat wordt uitgezonden.

Een andere manier om naar het proces te kijken is om dat deeltje van het deeltjespaar dat in het zwarte gat valt, zeg het *antideeltje*, te beschouwen als een *deeltje* dat in werkelijkheid terugreist in de tijd. Het antideeltje dat in het zwarte gat valt, kan dus worden beschouwd als een deeltje dat uit het zwarte gat komt, maar terugreist in de tijd. Als het *deeltje* het punt bereikt waar het paar deeltje-antideeltje oorspronkelijk materialiseerde, wordt het door het zwaartekrachtveld verspreid zodat het vooruit reist in de tijd. Een zwart gat met de massa van de zon zou zo traag deeltjes uitzenden dat het onmogelijk zou zijn ze te vinden. Maar er kunnen ook veel kleinere zwarte gaten bestaan met bijvoorbeeld de massa van een berg. Deze kunnen zijn ontstaan in het heel vroege heelal, toen het chaotisch en onregelmatig was. Een zwart gat met de massa van een berg zou röntgen- en gammastraling uitzenden van zo'n tien miljoen megawatt, voldoende voor het totale elektriciteitsgebruik op aarde. Het zou echter niet eenvoudig zijn dat kleine zwarte gat in de hand te houden. Je kunt het niet bewaren in een elektriciteitscentrale omdat het door zijn enorme massa door de grond zou zakken en het in het middelpunt van de aarde terecht zou komen. Als we over een dergelijk zwart gat zouden beschikken, dan zouden we het in een baan om de aarde moeten brengen, dat is zo'n beetje de enig denkbare manier om het in de buurt te houden.

Er is gezocht naar mini-zwarte gaten met deze massa, maar die zijn nog niet gevonden. Dat is jammer, want was dat wel gebeurd, dan had ik de Nobelprijs gekregen. Een andere mogelijkheid is echter dat we misschien micro-zwarte gaten kunnen scheppen in de extra dimensies van de ruimtetijd. Volgens sommige theorieën is het heelal dat wij ervaren slechts een vierdimensionaal oppervlak binnen een tien- of elfdimensionale ruimte. De sciencefictionfilm *Interstellar* geeft enig idee van hoe dit eruitziet. We zouden deze extra dimensies niet kunnen zien omdat licht er niet doorheen kan dringen, maar alleen door de vier dimensies van ons heelal. De zwaartekracht zou echter wel van invloed zijn op de extra dimensies en zou daar veel sterker zijn dan in ons heelal. Daardoor zou het veel gemakkelijker zijn om in die extra dimensies een klein zwart gat te vormen. Het zou mogelijk kunnen zijn om het waar te nemen in de LHC, de Large Hadron Collider, van het CERN in Zwitserland. Deze bestaat uit een rondlopende tunnel van 27 kilometer lang. Twee bundels deeltjes worden in tegengestelde richting steeds sneller voortbewogen tot ze worden gedwongen op elkaar te botsen.

Bij sommige van die botsingen zouden wel eens microzwarte gaten kunnen ontstaan. Daardoor zouden deeltjes een spreidingspatroon vormen dat goed herkenbaar is. Dus krijg ik die Nobelprijs misschien toch nog.*

Omdat deeltjes aan het zwarte gat ontsnappen, verliest dat massa en krimpt. Dit zal het uitstralen van deeltjes versnellen en uiteindelijk zal het zwarte gat zijn massa helemaal verliezen en verdwijnen. Wat gebeurt er dan met alle deeltjes en ongelukkige astronauten die in het zwarte gat zijn gevallen? Ze kunnen niet terugkeren als het zwarte gat verdwijnt. De deeltjes die aan een zwart gat ontsnappen, lijken volkomen willekeurig en geen enkele relatie te hebben met wat erin is gevallen. Het schijnt dat de informatie over wat erin is gevallen, verdwenen is, op het totaal van de massa na en de mate van rotatie. Maar als informatie verloren is gegaan, dan werpt dit een serieus probleem op dat de kern raakt van ons begrip van wetenschap. Meer dan tweehonderd jaar hebben we geloofd in wetenschappelijk determinisme, dat wil zeggen dat de natuurwetten, de wetten van de wetenschap, de ontwikkeling van het heelal bepalen.

Als informatie echt verloren zou gaan in zwarte gaten, dan zouden we de toekomst nooit kunnen voorspellen omdat ieder zwart gat iedere willekeurige verzameling deeltjes zou kunnen uitstralen. Dat zou een

* Nobelprijzen worden niet postuum uitgereikt en deze ambitie zal dus jammer genoeg nooit vervuld worden.

werkende tv kunnen zijn, of de in leer gebonden complete werken van Shakespeare, hoewel de kans op dergelijke exotische uitstralingen wel heel erg klein is. Het is veel waarschijnlijker dat het warmte uitstraalt, zoals de gloed van roodgloeiend ijzer. Het lijkt misschien alsof het er niet veel toe doet dat we niet kunnen voorspellen wat er uit zwarte gaten komt. Bij ons in de buurt bevinden zich immers geen zwarte gaten, maar het gaat hier om het principe. Als determinisme, dat wil zeggen de voorspelbaarheid van het heelal, met zwarte gaten niet opgaat, dan hoeft het ook niet op te gaan in andere omstandigheden. Er kunnen virtuele zwarte gaten zijn die zich voordoen als fluctuaties uit het vacuüm, een set deeltjes absorberen, een andere uitstralen en weer in het vacuüm verdwijnen. Erger nog, als determinisme er niet meer zou zijn, dan kunnen we ook niet meer zeker zijn van ons verleden. De geschiedenisboeken en ons geheugen zijn misschien slechts illusies. Het is het verleden dat ons vertelt wie we zijn. Zonder dat hebben we geen identiteit.

Het was daarom heel belangrijk te bepalen of de informatie in zwarte gaten definitief verloren is of dat ze, in principe althans, kan worden hervonden. Veel geleerden hebben het idee dat informatie niet verloren zou moeten gaan, maar jarenlang heeft niemand een mechanisme kunnen bedenken waardoor ze bewaard heeft kunnen blijven. Dit schijnbare verliezen van informatie, bekend als de 'informatieparadox', heeft geleerden de afgelopen veertig jaar beziggehouden en is nog steeds een van de grootste onopgeloste problemen in de theoretische natuurkunde.

De laatste jaren is er opnieuw belangstelling voor de informatieparadox dankzij nieuwe ontdekkingen die zijn gedaan over de unificatie van zwaartekracht en kwantummechanica. Centraal in deze recente doorbraken staat het begrijpen van de symmetrieën van de ruimtetijd.

Stel je voor dat er geen zwaartekracht bestond en de ruimtetijd compleet vlak was. Dat zou dan zijn als een totaal lege woestijn. Een dergelijke plek bezit twee soorten symmetrieën. De eerste is translatiesymmetrie. Als je van het ene punt in de woestijn naar een ander punt zou gaan, dan zou je geen verandering opmerken. De tweede is rotatiesymmetrie. Als je ergens in deze woestijn zou staan en je om zou gaan draaien, zou je opnieuw geen enkel verschil opmerken in wat je ziet. Deze symmetrieën vind je ook in de 'vlakke' ruimtetijd, de ruimtetijd in afwezigheid van materie.

Als je iets in deze woestijn zou zetten, worden deze symmetrieën doorbroken. Stel dat er een berg, een oase en een paar cactussen in de woestijn stonden, dan zou die er op verschillende plaatsen en in verschillende richtingen verschillend uitzien. Met de ruimtetijd is het niet anders. Als men voorwerpen in de ruimtetijd zet, zijn de translatie- en rotatiesymmetrie doorbroken. En het brengen van voorwerpen in een ruimtetijd is wat zwaartekracht veroorzaakt.

Een zwart gat is een gebied in de ruimtetijd waar de

zwaartekracht sterk is en de ruimtetijd enorm verstoord en men zou verwachten dat de symmetrieën waren doorbroken. Maar als men van een zwart gat af beweegt, dan neemt de kromming van de ruimtetijd steeds verder af. Heel ver van het zwarte gat lijkt de ruimtetijd op de vlakke ruimtetijd.

In de jaren 1960 deden Hermann Bondi, M.G.J. van der Burg, A.W. Kenneth Metzner en Rainer Sachs de zeer opmerkelijke ontdekking dat ruimtetijd ver van enige materie een oneindig aantal symmetrieën heeft, bekend als supertranslaties. Ieder van deze symmetrieën wordt in verband gebracht met een behoudende kwantiteit, de zogenaamde supertranslatieladingen. Een behoudende of conservatieve kwantiteit is een kwantiteit die niet verandert als een systeem zich ontwikkelt. Dit zijn generalisaties van bekende behoudende kwantiteiten. Als bijvoorbeeld ruimtetijd in de tijd niet verandert, dan wordt energie behouden. Als de ruimtetijd vanuit verschillende plaatsen in de ruimte er hetzelfde uitziet, dan is het impulsmoment behouden.

Wat zo opmerkelijk was aan de ontdekking van supertranslaties is dat er ver van een zwart gat een oneindig aantal behoudende kwantiteiten zijn. Het zijn deze behoudswetten die een buitengewoon en onverwacht inzicht hebben verschaft in processen van de natuurkunde van de zwaartekracht.

In 2016 heb ik met mijn medewerkers Malcolm Perry en Andy Strominger gewerkt aan het gebruik van deze nieuwe resultaten en de daarmee samenhangende behoudende kwantiteiten om een oplossing te vinden voor de informatieparadox. We weten dat de drie waarneembare eigenschappen van zwarte gaten hun massa, elektrische lading en impulsmoment zijn. Dit zijn de klassieke ladingen, die al zo lang worden begrepen. Het is echter mogelijk dat zwarte gaten ook supertranslatielading hebben. Dus misschien hebben zwarte gaten veel meer dan we eerst dachten. Ze zijn niet kaal of hebben slechts drie haren, maar ze hebben een heel dikke bos supertranslatiehaar.

Dit supertranslatiehaar kan iets van de informatie overbrengen van wat zich in het zwarte gat bevindt. Waarschijnlijk bevatten deze supertranslatieladingen niet alle informatie, maar de rest kan misschien verklaard worden door bijkomende behouden grootheden die zijn toe te schrijven aan een extra verzameling symmetrieën, zogenaamde superrotaties, die nog niet goed begrepen worden. Als dit zo is en alle informatie over een zwart gat begrepen kan worden in termen van zijn 'haren', dan is er misschien helemaal geen sprake van informatieverlies. Deze theorieën zijn onlangs bevestigd dankzij onze laatste berekeningen. Strominger, Perry en ik hebben samen met Sasha Haco, een postdoctoraal student, ontdekt dat deze superrotaties de gehele entropie van een zwart gat kunnen verklaren. De kwantummechanica houdt dan stand en de informatie is opgeslagen aan de horizon, het oppervlak van het zwarte gat.

De zwarte gaten worden nog steeds alleen gekenmerkt door hun massa, elektrische lading en impulsmoment, hun rotatie, aan de buitenrand van hun waarnemingshorizon, maar de waarnemingshorizon zelf bevat de informatie die nodig is om ons te vertellen wat er in het zwarte gat is verdwenen op een wijze die verder gaat dan deze drie kenmerken van zwarte gaten. We werken nog steeds aan deze problemen en de informatieparadox is daarom nog altijd niet opgelost. Maar ik ben optimistisch en denk dat we een oplossing naderen. Houd deze ruimte in de gaten.

6

ZIJN TIJDREIZEN MOGELIJK?

In sciencefiction zijn vervormingen, *warps*, van ruimte en tijd heel gewoon. Ze worden gebruikt om heel snel door de Melkweg of door de tijd te reizen. Maar de sciencefiction van vandaag is vaak de *sciencefact*, de wetenschappelijke werkelijkheid van morgen. Dus hoe groot is de kans op tijdreizen?

Het idee dat ruimte en tijd gekromd of vervormd kunnen worden, is betrekkelijk recent. Meer dan tweeduizend jaar lang zijn de axioma's van de euclidische meetkunde aangenomen als vanzelfsprekend. Zoals degenen van jullie die op school gedwongen moesten worden om meetkunde te leren zich zullen herinneren, is een van de gevolgen van deze axioma's dat de hoeken van een driehoek samen altijd 180 graden zijn.

Maar in de afgelopen eeuw zijn mensen gaan beseffen dat andere vormen van meetkunde mogelijk zijn waarin de hoeken van een driehoek samen niet 180 graden zijn. Neem nu eens het aardoppervlak. Wat op aarde het dichtst bij een rechte lijn komt, is een zogenaamde grootcirkel. Dat is de kortste route tussen twee punten op een bol en grootcirkels worden dan ook door vliegmaatschappijen gebruikt. Kijk nu eens naar de driehoek op het aardoppervlak die bestaat uit de evenaar, de nulmeridiaan (dat is de lengtegraad die van de evenaar over Londen naar de Noordpool loopt) en de lijn die Bangladesh verbindt met de Noordpool (de lengtegraad op 90 graden oosterlengte). De twee lengtegraden maken een rechte hoek, dat wil zeggen een hoek van 90 graden, met de evenaar. Maar aan de Noordpool maken ze onderling ook een hoek van 90 graden. Hier heb je dus een driehoek met drie rechte hoeken, en die zijn samen 270 graden. Dat is veel meer dan de 180 graden van een driehoek op een plat vlak. Als je een driehoek tekent op een zadelvormig oppervlak, dan zul je zien dat de hoeken samen minder zijn dan 180 graden.

Het aardoppervlak is wat een tweedimensionale ruimte wordt genoemd. Dat betekent dat je over de aarde kunt bewegen in twee richtingen, die in een rechte hoek op elkaar staan: van noord naar zuid en van oost naar west. Maar er is natuurlijk een derde richting die loodrecht staat op de eerste twee, en dat is naar boven of beneden. Dat wil zeggen dat het aardoppervlak bestaat in driedimensionale ruimte. De driedimensionale ruimte is vlak en gehoorzaamt dus aan de euclidische meetkunde: de hoeken van een driehoek zijn samen 180 graden. Maar stel je nu een volk voor van tweedimensionale wezens die zich over het aardoppervlak bewegen maar die de derde dimensie van omhoog en omlaag niet kunnen ervaren. Ze zouden ook geen weet hebben van de platte driedimensionale ruimte waarin het aardoppervlak zich bevindt. Voor hen zou de ruimte gekromd zijn en de meetkunde niet-euclidisch.

Maar net als men tweedimensionale wezens kan bedenken die op het aardoppervlak leven, kan men zich voorstellen dat de driedimensionale ruimte waarin wij leven het oppervlak is van een bol in een andere dimensie die wij niet zien. Als de bol heel groot was, dan was de ruimte bijna plat en zou de euclidische meetkunde een heel goede benadering zijn waar het kleine afstanden betreft. Maar we zouden merken dat de euclidische meetkunde bij grote afstanden niet meer toepasbaar is. Stel je, ter illustratie van dit punt, een groep schilders voor die verf op een grote bal schildert.

Met het dikker worden van de verflaag wordt het oppervlaktegebied steeds groter. Bevond de bal zich in een platte driedimensionale ruimte, dan konden de schilders oneindig doorgaan en de bal zou groter en groter worden. Maar als de driedimensionale ruimte in werkelijkheid het oppervlak was van een bol in een andere dimensie, dan zou het volume groot zijn, maar eindig. Als er maar meer en meer verf op kwam, dan zou de bal uiteindelijk de helft van de ruimte vullen. Daarna zouden de schilders merken dat ze gevangen zitten op een gebied van afnemende omvang en bijna de hele ruimte zou vol zijn met de bol en de lagen verf daarop. Dan zouden ze dus weten dat ze in een gekromde ruimte leven en niet in een platte.

Uit dit voorbeeld blijkt dat men de meetkunde van de wereld niet kan afleiden van de grondprincipes, zoals de oude Grieken dachten. In plaats daarvan moet de ruimte worden gemeten waarin we leven en de daarin geldende meetkunde experimenteel bepaald worden. Al in 1854 was door de Duitser Georg Friedrich Bernhard Riemann een manier ontwikkeld om gekromde ruimtes te beschrijven, maar dat was zestig jaar lang niet meer dan een stukje wiskunde. Hiermee konden gekromde ruimtes worden beschreven die in abstractie bestonden, maar er leek geen enkele reden om aan te nemen dat de fysieke ruimte waarin wij leven, gekromd zou zijn. Dat werd pas aannemelijk gemaakt in 1916, toen Einstein zijn algemene relativiteitstheorie publiceerde.

De algemene relativiteitstheorie was een grote intellectuele revolutie die de manier waarop we over het heelal denken, op zijn kop zette. Het is niet alleen een theorie over gekromde ruimte, maar ook over gekromde of vervormde tijd. Einstein realiseerde zich al in 1915 dat ruimte en tijd nauw met elkaar verbonden zijn. Men kan de plaats van een gebeurtenis met vier getallen beschrijven. Drie daarvan beschrijven de positie van de gebeurtenis. Dat kunnen de aantallen kilometers ten noorden en oosten van het centrum van Londen zijn en de hoogte boven de zeespiegel. Op grotere schaal kunnen dat galactische lengte- en breedtegraden zijn en de afstand tot het centrum van de Melkweg.

Het vierde getal is de tijd van de gebeurtenis. Men kan dus aan ruimte en tijd samen denken als een vierdimensionale ruimte, die ruimtetijd wordt genoemd. Ieder punt in de ruimtetijd wordt aangeduid met vier getallen, die de positie in de ruimte en de tijd aangeven. Het op deze manier combineren van ruimte en tijd in de ruimtetijd zou nogal triviaal zijn, als men ze op unieke wijze uiteen zou kunnen rafelen. Dat wil zeggen als er een unieke manier was om tijd en positie van iedere gebeurtenis te definiëren. Maar in een opmerkelijk artikel dat Einstein schreef in 1905, toen hij nog klerk was bij het Zwitserse Patentbureau, liet hij zien dat de tijd en de positie waarop men dacht dat een gebeurtenis plaatsvond, afhingen van hoe men bewoog. Dit betekende dat ruimte en tijd onlosmakelijk met elkaar verbonden waren.

De tijdstippen die door verschillende waarnemers aan een gebeurtenis worden toegekend, zouden allemaal hetzelfde zijn als die waarnemers niet bewogen ten opzichte van elkaar. Maar hoe groter hun snelheid ten opzichte van elkaar, hoe groter hun onderlinge verschillen. Men kan zich dus afvragen hoe snel men moet bewegen zodat de tijd voor de ene waarnemer achteruitloopt in verhouding met die van een andere waarnemer. Het antwoord wordt gegeven in de volgende limerick:

There was a young lady of Wight
Who travelled much faster than light.
She departed one day
In a relative way
And arrived the previous night.

Dus het enige wat we nodig hebben om in de tijd te reizen, is een ruimteschip dat sneller gaat dan het licht. Spijtig genoeg toonde Einstein in hetzelfde artikel aan dat de raketkracht die nodig is om het ruimteschip sneller te laten gaan, groter en groter wordt naarmate het dichter bij de lichtsnelheid komt. Het zou een oneindige hoeveelheid kracht vergen om sneller te gaan dan het licht.

Einsteins artikel uit 1905 leek reizen naar het verleden onmogelijk te maken. Ook leidde het tot de conclusie dat ruimtereizen naar andere sterren een heel trage en langdradige zaak zou zijn. Als je niet sneller kunt reizen dan het licht, dan zou een retourtje naar de dichtstbijzijnde ster minstens acht jaar duren en naar het centrum van de Melkweg ongeveer vijftigduizend jaar. Indien het ruimteschip de lichtsnelheid heel dicht naderde, dan zou het voor de ruimtevaarders aan boord lijken alsof hun reisje naar het Melkwegcentrum slechts een paar jaar had geduurd. Maar dat zou weinig troost schenken als iedereen die je hebt gekend, bij thuiskomst al duizenden jaren dood en vergeten is. Dat besef zou de ruimtewesterns ook niet veel goed doen. Daarom moesten de schrijvers van sciencefiction andere manieren vinden om deze moeilijkheid te overwinnen.

In zijn artikel uit 1916 toonde Einstein aan dat de effecten van de zwaartekracht beschreven konden worden door te veronderstellen dat de ruimtetijd vervormd was door de materie en de energie die erin zaten. We kunnen deze vervorming van de ruimtetijd door de massa van de zon zelf waarnemen: licht en radiogolven worden een beetje afgebogen als ze langs de zon gaan.

Dit zorgt ervoor dat de schijnbare positie van de ster of de radiobron een beetje verschuift als de zon tussen de aarde en de bron staat. De verschuiving is heel erg klein, ongeveer een duizendste graad, wat min of meer gelijk is aan de verschuiving van anderhalve centimeter op een afstand van een kilometer. Maar die afstand kan zeer nauwkeurig worden opgemeten en komt overeen met de voorspellingen van de algemene relativiteitstheorie. We hebben proefondervindelijk bewijs dat ruimte en tijd vervormd zijn.

De hoeveelheid vervorming in onze directe omgeving is heel klein omdat de zwaartekrachtvelden in het zonnestelsel zwak zijn. Maar we weten dat zich in bijvoorbeeld de oerknal en in zwarte gaten heel sterke velden voor kunnen doen. Dus kunnen ruimte en tijd daar voldoende worden vervormd om te voldoen aan de eisen van sciencefiction voor dingen als reizen via wormgaten in *hyperspace* of tijdreizen? Op het eerste gezicht lijkt dat allemaal mogelijk. Zo vond Kurt Gödel in 1948 een oplossing voor de veldvergelijkingen van de algemene relativiteitstheorie die een heelal vertegenwoordigt waarin alle materie roteert. In dit heelal zou het mogelijk zijn om met een ruimteschip te vertrekken en terug te keren voordat je vertrokken was. Gödel verbleef aan het Institute of Advanced Study in Princeton toen Einstein daar zijn laatste jaren doorbracht. Gödel was beroemder vanwege het bewijs dat je niet alles kunt bewijzen wat waar is, zelfs niet in een op het oog simpel vak als rekenen. Maar wat hij afleidde uit de algemene relativiteitstheorie over tijdreizen verontrustte Einstein, die dacht dat het onmogelijk was.

We weten nu dat Gödels oplossing niet kon staan voor het heelal waarin wij leven, omdat dat van hem niet uitdijde. Ook had hij een vrij grote waarde toegekend aan een grootheid die de kosmologische constante genoemd werd, waarvan over het algemeen wordt aangenomen dat die nul is. Er zijn echter andere schijnbaar logischer oplossingen gevonden die reizen in de tijd toestaan. Een zeer interessante oplossing veronderstelt twee kosmische snaren die langs elkaar bewegen met een snelheid die bijna, maar net niet, zo groot is als die van het licht. Kosmische snaren zijn een opmerkelijk concept in de theoretische natuurkunde waar sciencefictionschrijvers nog niet echt vat op hebben kunnen krijgen. Zoals hun naam al veronderstelt lijken ze op snaren, in de zin dat ze lengte hebben maar slechts een zeer kleine doorsnee. Ze lijken eigenlijk meer op elastiekjes omdat ze soms onder enorme spanning staan, zoiets als honderd miljard miljard miljard ton. Een kosmische snaar die aan de zon vastzat, zou die versnellen van nul tot honderd kilometer in een dertigste van een seconde.

Kosmische snaren klinken misschien vergezocht en als zuivere sciencefiction, maar er zijn goede redenen om aan te nemen dat ze in het heel vroege heelal, kort na de oerknal, zijn gevormd. Omdat ze onder zo'n grote druk staan, zou men verwachten dat ze versnellen tot bijna de snelheid van het licht.

Wat het heelal van Gödel en de snel bewegende kosmische snaar-ruimtetijd gemeen hebben, is dat ze dusdanig vervormd en gekromd beginnen dat reizen naar het verleden altijd al mogelijk was. Misschien dat God een dergelijk vervormd heelal geschapen heeft, maar we hebben geen reden om aan te nemen dat hij dat heeft gedaan. Alles wijst erop dat het heelal in de oerknal begonnen is zonder het soort vervorming dat nodig is om in de tijd te reizen. Aangezien we niets kunnen veranderen aan de manier waarop het heelal is begonnen, is de vraag of reizen in de tijd mogelijk is, eigenlijk de vraag of we de ruimtetijd zó kunnen vervormen dat men terug kan in de tijd. Ik denk dat dit een belangrijk onderwerp voor onderzoek is, maar men moet er wel voor zorgen niet te worden aangezien voor een halvegare. Indien men een subsidieaanvraag indient voor onderzoek naar tijdreizen, dan wordt die meteen afgewezen. Geen overheidsinstelling kan zich veroorloven openlijk geld te steken in zoiets exotisch als reizen in de tijd.

Men moet in de aanvraag dan ook allerlei technische termen gebruiken als gesloten tijd als kromme geheimtaal voor tijdreizen. Toch is dit een serieuze vraag. Als reizen in de tijd mogelijk is volgens de algemene relativiteitstheorie, kan dat dan in ons heelal? En zo niet, waarom niet?

Nauw verbonden met reizen in de tijd is het vermogen heel snel van de ene naar de andere plaats in de ruimte te gaan. Zoals ik eerder zei, liet Einstein zien dat er een oneindige hoeveelheid raketkracht voor nodig is om een ruimteschip te versnellen tot sneller dan het licht. De enige manier om binnen een redelijke tijd van de ene kant van de Melkweg naar de andere kant te komen, lijkt dus dat we de ruimtetijd zo sterk moeten vervormen dat er een smalle buis, een wormgat, ontstaat. Die kan de twee kanten van de Melkweg met elkaar verbinden en als korte verbinding dienen om van de ene kant naar de andere kant te gaan en terug te keren terwijl je vrienden nog leven. Van dergelijke wormgaten is serieus verondersteld dat een toekomstige beschaving ze zou kunnen maken. Maar als je van de ene kant van de Melkweg binnen een week of twee naar de andere kant kunt reizen, dan kun je voor de terugweg een ander wormgat gebruiken en aankomen voordat je vertrokken bent. Je zou zelfs door hetzelfde wormgat vroeger terug kunnen zijn als de twee uitgangen van het gat ten opzichte van elkaar bewegen.

Het kan worden aangetoond dat je, om een wormgat te maken, de ruimtetijd in tegengestelde richting moet vervormen dan waarin gewone materie hem vervormt. Gewone materie kromt ruimtetijd terug naar zichzelf als het oppervlak van de aarde. Maar om een wormgat te maken, moet men materie gebruiken die de ruimtetijd in tegengestelde richting vervormt, zoals het oppervlak van een zadel. Hetzelfde geldt voor iedere andere manier van het vervormen van ruimtetijd om reizen in het verleden mogelijk te maken, nu het heelal niet zo vervormd is begonnen dat het reizen in de tijd toestaat. Wat men nodig zou hebben, is materie met een negatieve massa en een negatieve energiedichtheid om op de vereiste manier een ruimtetijdvervorming te scheppen.

Energie heeft wel wat van geld. Als je over een positief banksaldo beschikt, dan kun je je geld op verschillende manieren uitgeven. Maar volgens de klassieke wetten die tot voor kort voor waar werden gehouden, mocht je geen energieschuld hebben. Deze klassieke wetten zouden het dus als onmogelijk hebben beschouwd dat we het heelal zo vervormen dat we kunnen reizen in de tijd. Maar de klassieke wetten zijn verdrongen door de kwantummechanica, naast de algemene relativiteitstheorie de andere grote revolutie in ons denken over het heelal. De kwantummechanica is minder streng en staat toe dat je op een of twee rekeningen een tekort hebt. Waren de banken maar zo aardig. Met andere woorden, volgens de kwantummechanica kan de energiedichtheid op sommige plaatsen negatief zijn, zolang ze op andere plaatsen maar positief is.

Dat de kwantummechanica toestaat dat energiedichtheid negatief is, is gebaseerd op de onzekerheidsrelatie. Die zegt dat bepaalde grootheden als positie en snelheid van een deeltje niet allebei goed gedefinieerde waarden kunnen hebben. Hoe accurater de positie van een deeltje is bepaald, hoe groter de onzekerheid van de snelheid en andersom. De onzekerheidsrelatie is ook van toepassing op terreinen als het elektromagnetisch veld en het zwaartekrachtveld. Dat betekent dat deze velden nooit precies nul kunnen zijn, zelfs niet in wat we beschouwen als lege ruimte. Want als ze exact nul zouden zijn, dan zouden de waarden van zowel hun positie als hun snelheid accuraat bepaald zijn op nul. En dat zou een schending zijn van de onzekerheidsrelatie. De velden moeten in plaats daarvan een zekere minimale hoeveelheid fluctuaties hebben. Men kan deze zogenaamde vacuümfluctuaties interpreteren als paren van deeltjes en antideeltjes die plotseling samen opduiken, uit elkaar gaan en weer samenkomen om elkaar te vernietigen.

Deze paren deeltje-antideeltje worden virtueel genoemd, omdat men ze niet rechtstreeks kan waarnemen in een deeltjesversneller. Maar de indirecte effecten kunnen wel worden waargenomen. Een manier om dat te doen is aan de hand van het zogenaamde casimireffect. Zet twee metalen platen parallel vlak bij elkaar. Die platen dienen als spiegels voor de virtuele deeltjes en antideeltjes. Dat betekent dat de ruimte tussen de platen enigszins lijkt op een orgelpijp en alleen lichtgolven van een bepaalde resonantiefrequentie, dat wil zeggen golflengte, zal toelaten. Het gevolg daarvan is dat zich iets minder vacuümfluctuaties of virtuele deeltjes tussen de platen bevinden dan daarbuiten, waar vacuumfluctuaties iedere golflengte kunnen hebben. De reductie van het aantal virtuele deeltjes tussen de platen betekent dat ze de platen minder vaak treffen en dus minder druk uitoefenen op de platen dan de deeltjes erbuiten. Er is dus een kleine kracht die de platen naar elkaar toe duwt. Deze kracht is experimenteel gemeten. En dus bestaan virtuele deeltjes echt en produceren ze echte effecten.

Omdat er minder virtuele deeltjes of vacuümfluctuaties zijn tussen de platen, hebben ze een lagere energiedichtheid dan in het gebied erbuiten. Maar de energiedichtheid van lege ruimte op grote afstand van de platen moet nul zijn. Anders zou zij de ruimtetijd vervormen en zou het heelal niet bijna plat zijn. Daarom moet de energiedichtheid in het gebied tussen de platen wel negatief zijn.

We beschikken dus over experimenteel verkregen bewijs uit het buigen van licht dat de ruimtetijd gekromd is en bevestiging uit het casimireffect dat we de ruimtetijd in negatieve richting kunnen ombuigen. Het lijkt daarom mogelijk dat we met het vorderen van wetenschap en technologie in staat zouden kunnen zijn om een wormgat of een vervormde ruimte en tijd op een of andere manier te construeren, zodat we naar ons verleden kunnen reizen. Zou dit het geval zijn, dan doemt er een hele massa nieuwe vragen en problemen op. Een van die vragen is waarom er, als we in de toekomst leren hoe we in de tijd kunnen reizen, niemand uit de toekomst naar ons is teruggereisd om het ons te leren.

Zelfs als er goede redenen waren om ons onwetend te houden, dan is het, de aard van de mens kennende, moeilijk te geloven dat niemand zich zou willen uitsloven en ons, achterlijke armoedzaaiers, het geheim van het tijdreizen zou vertellen. Natuurlijk zouden er dan al mensen zijn die zeggen dat ze bezoek hebben gehad uit de toekomst. Ze zouden zeggen dat ufo's uit de toekomst zijn gekomen en dat regeringen betrokken zijn bij een enorme samenzwering om elkaar te dekken en de wetenschappelijke kennis die deze bezoekers meebrengen, voor zichzelf te houden. Het enige wat ik daarvan kan zeggen is dat als regeringen iets verborgen hielden, het betekent dat ze er maar niet in slagen de aliens nuttige informatie te ontfutselen. Ik ben behoorlijk sceptisch ten aanzien van samenzweringstheorieën en vind de theorie dat we het gewoon niet weten, veel waarschijnlijker. Alle ufo's die zogenaamd zijn gezien, kunnen alleen al niet van buitenaardse wezens zijn geweest omdat alle verhalen hierover elkaar tegenspreken. Maar als je eenmaal toegeeft dat enkele van die berichten dwalingen zijn geweest of zinsbegoochelingen, is het dan niet waarschijnlijker dat ze dat allemaal waren dan dat we bezoek hebben gehad van mensen uit de toekomst of van de andere kant van de Melkweg? Als ze de aarde echt willen koloniseren of ons willen waarschuwen voor een of ander gevaar dat ons bedreigt, dan zijn ze behoorlijk ineffectief.

Een mogelijke manier om reizen in de tijd in overeenstemming te brengen met het gegeven dat we geen bezoekers uit de toekomst hebben gehad, zou zijn om te stellen dat tijdreizen alleen naar de toekomst mogelijk is. Vanuit dit oogpunt zou men zeggen dat de ruimtetijd in onze tijd vastlag omdat we hem hebben geobserveerd en gezien dat hij onvoldoende vervormd is om tijdreizen naar het verleden mogelijk te maken. Aan de andere kant ligt de toekomst open. We zouden dus in staat kunnen zijn die zo te vervormen dat tijdreizen mogelijk wordt. Maar omdat we de ruimtetijd alleen in de toekomst zouden kunnen vervormen, kunnen we niet terug naar onze eigen tijd of eerder.

Dit plaatje zou verklaren waarom we niet worden platgewalst door toeristen uit de toekomst. Maar dan nog zou er voldoende ruimte zijn voor paradoxen. Stel dat het mogelijk was in een ruimteschip te vertrekken en aan te komen voordat je bent vertrokken? Wat zou jou er dan van weerhouden om de raket op zijn lanceerplatform op te blazen of op een andere manier te voorkomen dat je vertrok? Er zijn meer versies van deze paradox, zoals teruggaan in de tijd en je ouders vermoorden voordat je werd geboren, maar ze zijn in wezen allemaal hetzelfde. Er lijken twee oplossingen mogelijk.

De ene is wat ik, de consistent-historische benadering zal noemen. Volgens deze theorie moet je een consistente oplossing zien te vinden voor de natuurkundige vergelijkingen, zelfs als de ruimtetijd zo vervormd is dat het mogelijk is naar het verleden te reizen. Volgens deze visie kon je niet in een ruimteschip gaan zitten om naar het verleden te reizen, behalve als je al bent teruggekomen en er niet in bent geslaagd het lanceerplatform op te blazen. Het beeld is consistent, maar het zou betekenen dat we volledig gedetermineerd zijn: we konden niet van gedachte veranderen. Tot zover de vrije wil.

De andere oplossing is wat ik noem de alternatieve historische benadering. Die is verdedigd door David Deutsch en het schijnt dat Steven Spielberg die in gedachte had toen hij *Back to the Future* regisseerde. Volgens deze visie zou in één alternatieve geschiedenis geen sprake zijn van terugkeer uit de toekomst naar de tijd voordat de raket opsteeg en bestond de mogelijkheid dus niet dat die werd opgeblazen. Maar als de reiziger terugkeert uit de toekomst, komt hij in een andere, alternatieve geschiedenis terecht. Hierin doet de mensheid enorm haar best om een ruimteschip te bouwen, maar net als het gelanceerd zou gaan worden, verschijnt een vergelijkbaar ruimteschip van de andere kant van de Melkweg en vernietigt het.

David Deutsch beweert steun voor de alternatieve historische benadering te krijgen uit het idee van de som van geschiedenissen, dat is geïntroduceerd door de natuurkundige Richard Feynman. Het idee is dat het heelal volgens de kwantummechanica niet slechts één unieke geschiedenis heeft. In plaats daarvan heeft het heelal iedere mogelijke geschiedenis, ieder met haar eigen mate van waarschijnlijkheid. Er moet een mogelijke geschiedenis zijn waarin het blijvend vrede is in het Midden-Oosten, hoewel de waarschijnlijkheid daarvan klein zal zijn.

In enkele geschiedenissen zal de ruimtetijd zo vervormd zijn dat voorwerpen als raketten naar hun eigen verleden kunnen reizen. Maar iedere geschiedenis is compleet en onafhankelijk en beschrijft niet alleen de gekromde ruimtetijd, maar ook alles wat zich daarin bevindt. Dus een raket kan niet in een andere alternatieve geschiedenis terechtkomen als hij terugkeert. Het is nog steeds dezelfde geschiedenis, die consistent moet zijn. Dus denk ik dat, ondanks wat Deutsch beweert, het idee van de som van de geschiedenissen het idee van de consistente historische benadering steunt in plaats van dat van de alternatieve historische benadering.

Het lijkt er dus op dat we vastzitten aan het consistente historische beeld. Dit hoeft echter geen problemen op te roepen met determinisme of vrije wil, aangezien de waarschijnlijkheden heel klein zijn voor geschiedenissen waarin de ruimtetijd zo vervormd is dat reizen in de tijd mogelijk is in een macroscopisch gebied. Dit is wat ik het ‘vermoeden van de bescherming van chronologie’ noem: de wetten van de natuurkunde spannen samen om reizen in de tijd op macroscopische schaal te voorkomen.

Het lijkt erop dat als de ruimtetijd bijna voldoende vervormd raakt om reizen naar het verleden mogelijk te maken, virtuele deeltjes bijna echte deeltjes kunnen worden die gesloten trajecten volgen. De dichtheid van de virtuele deeltjes en hun energie wordt heel erg groot. Dat betekent dat de waarschijnlijkheid van deze geschiedenissen heel erg klein is. Het lijkt er dus op dat er een Bureau Bescherming van de Chronologie bestaat dat de wereld veilig maakt voor geschiedkundigen. Maar dit onderwerp van de ruimtetijd staat nog in de kinderschoenen. Volgens de snaartheorie, nog steeds onze grootste hoop voor het verenigen van de algemene relativiteitstheorie met de kwantummechanica in een theorie van alles, zou de ruimtetijd elf dimensies moeten hebben in plaats van de vier die wij ervaren. Het idee is dat zeven van deze elf dimensies zo opgerold zijn in de ruimte dat we ze niet opmerken. Aan de andere kant zijn de vier overblijvende dimensies behoorlijk plat en vormen ze wat wij de ruimtetijd noemen. Als dit beeld juist is, zou het mogelijk kunnen zijn om ervoor te zorgen dat de vier platte dimensies gemengd worden met de zeven bijzonder gekromde of vervormde richtingen. Wat het resultaat hiervan zou zijn, weten we nog niet. Maar er ontstaan spannende mogelijkheden.

Concluderend kunnen we stellen dat snelle ruimtereizen of tijdreizen naar het verleden volgens onze huidige inzichten niet uitgesloten kunnen worden. Ze zouden wel grote logische problemen oproepen, dus laten we hopen dat er een wet ter Bescherming van de

Heeft het zin een feestje te organiseren voor tijdreizigers? En hoopt u dan dat er iemand op het feestje zal komen?

In 2009 heb ik een feestje georganiseerd voor tijdreizigers in mijn college, Gonville & Caius in Cambridge, voor een film over tijdreizigers. Om er zeker van te zijn dat alleen echte tijdreizigers op zouden komen dagen, stuurde ik de uitnodigingen pas na het feest. Op de dag zelf zat ik in mijn college, maar er kwam niemand. Ik was teleurgesteld, maar niet verrast want ik had aangetoond dat als de algemene relativiteitstheorie juist is en de energiedichtheid positief, tijdreizen niet mogelijk is. Ik zou het trouwens geweldig hebben gevonden als een van mijn aannames onjuist zou zijn geweest.

Chronologie komt die mensen verhindert terug te gaan in de tijd om hun ouders te vermoorden. Maar liefhebbers van sciencefiction hoeven niet te wanhopen. De snaartheorie biedt hoop.

7

ZULLEN WE OVERLEVEN OP AARDE?

In januari 2018 zette het *Bulletin of the Atomic Scientists*, een tijdschrift dat is opgericht door enkele van de natuurkundigen die hadden gewerkt aan het Manhattan Project om de eerste atoombommen te ontwikkelen, de Doomsday Clock, hun maatstaf voor de dreiging van een (militaire of milieutechnische) catastrofe voor onze planeet, vooruit naar twee minuten voor twaalf.

De klok heeft een interessante geschiedenis. Hij is begonnen in 1947, aan het begin van het atoomtijdperk. Robert Oppenheimer, het wetenschappelijk hoofd van het Manhattan Project, zei later over het tot ontploffing brengen van de eerste atoombom in juli 1945: 'We wisten dat de wereld niet meer hetzelfde zou zijn. Enkele mensen lachten, anderen huilden, de meesten waren stil. Er schoot me een regel uit de schrift van het hindoeïsme, de Bhagavad Gita, te binnen: "Nu ben ik de Dood geworden, de vernietiger van werelden".'

In 1947 werd de klok officieel op zeven minuten

voor middernacht gezet. De wijzer staat nu dichter bij de dag des oordeels dan ooit tevoren, behalve begin jaren 1950, aan het begin van de Koude Oorlog. Als wetenschapper voel ik me verplicht deze alarmerende waarschuwing van andere wetenschappers serieus te nemen, deels daartoe aangezet door de verkiezing van Donald Trump tot president van de Verenigde Staten. Is de klok, en het idee dat de tijd doorloopt en zelfs bijna ten einde is voor de mens, realistisch of alarmistisch? Komt de waarschuwing op tijd of is het tijdverspilling?

Ik heb een persoonlijke belangstelling voor tijd. Ten eerste omdat mijn populairste boek en de oorzaak van het feit dat ik ook buiten de wetenschappelijke gemeenschap bekend ben, *A Brief History of Time* heet. Dus zullen sommigen wel denken dat ik een specialist ben waar het tijd betreft, ook al is het dezer dagen niet zo dat het altijd goed is een specialist te zijn. Ten tweede heb ik toen ik eenentwintig was van de dokters te horen gekregen dat ik nog vijf jaar te leven had, en voor iemand die in 2018 zevenenzestig is geworden, ben ik specialist in tijd in een andere zin, een veel persoonlijker zin. Ik ben me onaangenaam scherp bewust van het verloop van tijd en heb een groot deel van mijn leven geleefd met het gevoel dat de tijd die mij vergund is, geleende tijd is, zoals het wel wordt genoemd.

Het is zeker waar dat onze wereld politiek instabieler is dan op enig eerder moment in mijn leven. Grote aantallen mensen voelen zich economisch en sociaal achtergesteld. Ten gevolge daarvan wenden ze zich tot populistische, of ten minste populaire politici die een beperkte ervaring hebben met regeren en van wie het vermogen om rustig beslissingen te nemen in tijden van crises, nog getest moet worden. Dat zou dan betekenen dat de wijzers van de Doomsday Clock verder verschoven moeten worden in de richting van het kritieke punt, omdat de kans dat achteloze of kwaadaardige krachten opkomen die aan het armageddon voorafgaan, steeds groter wordt.

De aarde wordt vanuit zoveel hoeken bedreigd, dat ik moeilijk positief kan blijven. De bedreigingen zijn te groot en te talrijk.

Ten eerste wordt de aarde te klein voor ons. Onze natuurlijke hulpbronnen worden met alarmerende snelheid leeggezogen. We hebben onze planeet de vernietigende klimaatverandering gegeven. Stijgende temperaturen, smeltend poolijs, ontbossing, overbevolking, ziekte, oorlog, voedselgebrek, watergebrek en decimering van het aantal diersoorten. Al deze problemen zijn oplosbaar, maar geen ervan is opgelost.

De opwarming van de aarde wordt door ons allemaal veroorzaakt. We willen auto's, reizen en een hogere levensstandaard. Het probleem is dat het, tegen de tijd dat mensen doorhebben wat er echt aan de hand is, te laat kan zijn. Nu, aan het begin van het tweede atoomtijdperk en een tijd van ongekende klimaatverandering, hebben wetenschappers, alweer, de speciale verantwoordelijkheid het publiek te informeren en de leiders te adviseren over de gevaren waarvoor de mensheid zich gesteld ziet. Als wetenschappers begrijpen wij het gevaar van kernwapens en hun vernietigende gevolgen en leren we hoe menselijke activiteiten en technologieën klimaatsystemen beïnvloeden op manieren die het leven op aarde voor altijd kunnen veranderen. Als aardbewoners hebben we de plicht die kennis te delen en het publiek te wijzen op de onnodige risico's die we iedere dag lopen. Wij voorzien groot gevaar als regeringen en samenlevingen op dit moment geen actie ondernemen om kernwapens overbodig te maken en verdere klimaatverandering te voorkomen.

Op hetzelfde moment ontkennen veel van die politici de realiteit van de door de mens veroorzaakte klimaatverandering, of dan tenminste het vermogen van de mens die te stoppen, precies op het moment dat onze wereld voor een hele reeks kritieke milieucrises staat. Het gevaar bestaat dat de opwarming van de aarde zichzelf in stand gaat houden, als het al niet zover is. Het smelten van de ijskappen aan de noord- en zuidpool reduceert de fractie van de zonne-energie die naar de ruimte wordt teruggekaatst, waardoor de temperatuur verder stijgt. De klimaatverandering zal een einde maken aan het Amazonewoud en andere regenwouden en zo een einde maken aan een van de voornaamste manieren waarop kooldioxide uit de atmosfeer wordt gehaald. Het stijgen van de temperatuur van het zeewater kan het afgeven van grote hoeveelheden kooldioxide die nu nog vastzitten op de oceaanbodem in de vorm van waterstofverbindingen, tot gevolg hebben. Deze beide verschijnselen zullen het broeikaseffect doen toenemen en daarmee de opwarming van de aarde versterken. Beide effecten kunnen ervoor zorgen dat ons klimaat gaat lijken op dat van Venus: een kokendhete regen van zwavelzuur, maar met een temperatuur van wel 250 graden Celsius. Menselijk leven zou onmogelijk zijn. We moeten verder gaan dan het Kyotoprotocol voorschrijft en onze koolstofuitstoot nu verminderen. We hebben de technologie, wat we nu nog nodig hebben is de politieke wil.

We kunnen ons ook gedragen als een onwetend, onnadenkend stelletje. Als we in het verleden voor vergelijkbare crises stonden, was er altijd wel iets om te koloniseren. Columbus ontdekte daarvoor in 1492 de Nieuwe Wereld. Maar er zijn geen nieuwe werelden meer, er ligt geen Utopia om de hoek. We krijgen plaatsgebrek en de enige plaatsen waar we nog naartoe kunnen, zijn andere werelden.

Het heelal is een plaats vol geweld. Sterren verslinden planeten, supernova's vuren dodelijke stralen de ruimte in, zwarte gaten botsen op elkaar en planetoïden razen rond met een snelheid van honderden kilometers per seconde. Toegegeven, deze verschijnselen maken de ruimte niet direct uitnodigend. Maar dit zijn wel precies de redenen waarom we de ruimte verder moeten gaan verkennen in plaats van haar te negeren. Een botsing met een planetoïde is iets waartegen we helemaal niets zouden kunnen doen. De laatste keer dat een planetoïde op aarde insloeg, is zeventig miljoen jaar geleden en die maakte een einde aan alle dinosaurussen. Als we maar lang genoeg wachten, worden we weer getroffen. Dat is geen sciencefiction. Dat is zekerheid op grond van de wetten van de natuurkunde en waarschijnlijkheid.

Een kernoorlog is op dit moment vermoedelijk nog steeds het grootste gevaar dat de mensheid bedreigt. Een gevaar dat we bijna zouden vergeten. Rusland en de Verenigde Staten zijn dan wel niet meer zo schietgraag, ze hebben nog steeds voldoende bommen om alles op aarde te verwoesten. Stel je voor dat er een per ongeluk afgaat, of dat terroristen er een te pakken krijgen. En hoe meer landen de beschikking krijgen over kernwapens, hoe groter het risico wordt. Zelfs na het einde van de Koude Oorlog liggen er nog genoeg kernwapens opgeslagen om ons allemaal verschillende keren te doden, terwijl nieuwe atoomnaties bijdragen aan de instabiliteit. Misschien dat in de loop van de tijd de kerndreiging afneemt, maar dan zullen andere dreigingen opkomen en dus moeten we waakzaam blijven.

Hoe dan ook, volgens mij is het bijna onvermijdelijk dat de aarde ergens binnen de komende duizend jaar, in de geologische tijd niet meer dan een oogwenk, getroffen zal worden door een nucleaire confrontatie of een milieuramp van ongekende omvang. Ik hoop en geloof dat ons vindingrijke mensenras dan een manier zal hebben gevonden om aan de klemmende ketenen van de aarde te ontsnappen en daarom de ramp overleeft. Hetzelfde gaat natuurlijk niet op voor de miljoenen andere soorten die de aarde bewonen en hun vernietiging zal dus voor altijd op het geweten van de mens drukken.

Volgens mij gaan we met roekeloze onverschilligheid om met de toekomst van de planeet aarde. Op dit moment kunnen we nergens anders naartoe, maar op lange termijn zou de mensheid niet op dit ene paard moeten blijven wedden. Ik hoop dat we kunnen voorkomen dat het voortijdig dood neervalt. Maar we zijn van nature ontdekkingsreizigers, gedreven door nieuwsgierigheid. Deze eigenschap heeft alleen de mens. Het is dezelfde aanhoudende nieuwsgierigheid die ontdekkingsreizigers heeft geïnspireerd te bewijzen dat de aarde niet plat is, die ons nu met de snelheid van het denken naar de sterren stuurt en die erop aandringt er in het echt naartoe te gaan. En iedere keer als we weer een sprong maken, zoals de maanlandingen, verheffen we de mensheid, brengen we mensen en naties samen, luiden we nieuwe ontdekkingen en nieuwe technologieën in. Het verlaten van de aarde vereist een wereldwijde samenwerking, iedereen moet mee kunnen doen. We moeten het enthousiasme van de eerste tijd van de ruimtereizen begin jaren 1960 opnieuw laten ontvlammen. De technologie ligt zo goed als binnen ons bereik. Het is tijd om andere zonnestelsels te gaan verkennen. Ons verspreiden is misschien wel de enige manier om onszelf te redden. Ik ben ervan overtuigd dat de mens de aarde moet verlaten. Blijven draagt het risico van de totale vernietiging in zich.

•

Dus, afgezien van mijn hoop op verkenning van de ruimte, hoe ziet de toekomst eruit en hoe zou wetenschap ons kunnen helpen?

Het populaire beeld van wetenschap in de toekomst kunnen we iedere avond op tv zien in sciencefictionfilms als *Star Trek*. Men wist zelfs mij over te halen een keer mee te doen, wat overigens niet zo moeilijk was.

Optreden in *Star Trek* was ontzettend leuk, maar ik noem het hier om iets serieuzers aan te snijden. Bijna alle visies op de toekomst die ons zijn voorgeschoteld sinds H.G. Wells zijn in wezen statisch. Ze laten ons een samenleving zien die in de meeste gevallen de onze ver vooruit is in wetenschap, technologie en politieke organisatie. (Dat laatste hoeft niet zo moeilijk te zijn.) Er moeten zich grote veranderingen hebben voorgedaan met de daarmee gepaard gaande spanningen en verzet in de periode tussen nu en dan. Maar in de toekomst die wij te zien krijgen, worden wetenschap, technologie en de organisatie van de samenleving geacht een niveau van bijna-perfectie te hebben bereikt.

Ik trek dit beeld in twijfel en vraag me af of we ooit een toestand van stabiliteit in wetenschap en technologie zullen bereiken. Op geen enkel moment in de rond 10.000 jaar sinds de laatste ijstijd is de mensheid in een stabiele toestand geweest van permanente kennis en onveranderlijke technologie. Er heeft wel een enkele keer een terugval plaatsgevonden, zoals in de donkere middeleeuwen na de val van het Romeinse Rijk. Maar de wereldbevolking, een maatstaf voor ons technologisch vermogen om leven in stand te houden en onszelf te voeden, is geleidelijk blijven groeien, op enkele dipjes na zoals in de tijd van de Zwarte Dood. De afgelopen tweehonderd jaar is de groei exponentieel geweest, dat wil zeggen dat de wereldbevolking jaarlijks met hetzelfde percentage is gegroeid. Dat percentage is nu ongeveer 1,9%. Nu klinkt 1,9% misschien niet als erg veel, maar het betekent dat de wereldbevolking iedere veertig jaar verdubbelt. Andere maatstaven van technologische ontwikkeling in de afgelopen tijd zijn elektriciteitsverbruik en het aantal wetenschappelijke artikelen dat verschijnt. Ook zij laten een exponentiële groei zien met een verdubbelingstijd van veertig jaar of minder. En we hebben zulke hoge verwachtingen dat sommige mensen zich bedrogen voelen door politici en wetenschappers, omdat we nog niet de utopische visies op de toekomst hebben bereikt. Zo laat de film *2001, A Space Odyssey* uit 1968 ons bijvoorbeeld een basis op de maan zien waar een bemande, of moet ik zeggen bemenste, vlucht naar Jupiter vertrekt.

Er is geen enkel teken dat erop wijst dat de wetenschappelijke en technologische ontwikkeling in de nabije toekomst zal vertragen en stilvallen. Zeker niet in de tijd van *Star Trek*, dat zich over niet meer dan zo'n driehonderd jaar afspeelt. Maar de huidige exponentiele groei kan niet het hele komende millennium ongebreideld doorgaan. In het jaar 2600 zouden alle mensen hutjemutje zitten en door het elektriciteitsverbruik zou de aarde roodgloeiend zijn. Als je de nieuwe boeken die dan gepubliceerd worden naast elkaar zou zetten, dan zou je met 140 kilometer per uur vooruit moeten snellen om bij te blijven. Natuurlijk verschijnen in 2600 nieuwe ontspannende en wetenschappelijke werken in elektronische vorm en niet als echte boeken en tijdschriften. Toch, als de groei exponentieel blijft, dan zouden er in mijn hoek van de theoretische natuurkunde tien artikelen per seconde verschijnen en zou niemand de tijd hebben om ze allemaal te lezen.

Het is duidelijk dat de huidige exponentiële groei niet eeuwig door kan gaan. Maar wat gaat er dan wel gebeuren? Een mogelijkheid is dat we onszelf uitroeien met een of andere vernietigende ramp, zoals een kernoorlog. Zelfs als we onszelf niet totaal vernietigen, bestaat de mogelijkheid dat we afdalen naar een toestand van wreedheid en barbarij, zoals de openingsscène van *Terminator* ons belooft.

Dus hoe zullen we ons het komende millennium verder ontwikkelen in wetenschap en technologie? Dat is heel moeilijk te zeggen. Maar laat ik mijn nek uitsteken en een paar voorspellingen doen. Ik heb daarbij een kleine kans dat ik het juist heb wat de komende honderd jaar aangaat, maar voor de rest van de duizend jaar is het zuiver speculatief.

Onze moderne opvatting over wetenschap begon rond dezelfde tijd als de Europese kolonisatie van Noord-Amerika en tegen het einde van de negentiende eeuw leek het erop dat we op het punt stonden het heelal in zijn totaliteit te begrijpen in termen van wat we nu klassieke wetten van de wetenschap noemen. Maar vanaf het begin van de twintigste eeuw bleek uit waarnemingen dat energie in losse pakketjes komt, de zogenaamde kwanta, en werd een nieuwe theorie geformuleerd, de kwantummechanica. Deze theorie geeft een totaal ander beeld van de werkelijkheid waarin dingen niet een unieke geschiedenis hebben, maar iedere mogelijke geschiedenis met haar eigen waarschijnlijkheid. Als we afdalen naar de afzonderlijke deeltjes, dan behoren bij de mogelijke deeltjesgeschiedenissen paden waarlangs sneller gereisd kan worden dan het licht en zelfs paden die teruggaan in de tijd. Voordat iemand nu wegholt om patent aan te vragen op een tijdmachine, wil ik opmerken dat je deze, onder normale omstandigheden tenminste, niet kunt gebruiken om door de tijd te reizen. Echter, paden die teruggaan in de tijd zijn niet slechts als engelen op een speldenknop. Ze hebben wel degelijk reële waarnemingsconsequenties. Zelfs wat wij beschouwen als lege ruimte zit vol deeltjes die bewegen in gesloten lussen van ruimte en tijd. Dat wil zeggen: ze bewegen voorwaarts in de tijd aan de ene kant van de lus en achterwaarts in de tijd aan de andere kant van de lus.

Het ongemakkelijke hieraan is dat, omdat er een oneindig aantal punten in ruimte en tijd is, er ook een oneindig aantal mogelijke gesloten deeltjeslussen bestaat. En een oneindig aantal gesloten deeltjeslussen zou een oneindige hoeveelheid energie hebben en zou ruimte en tijd krommen tot in één enkel punt. Zelfs in sciencefiction is zoiets raars als dit nooit verzonnen. Omgaan met oneindige energie vereist enig echt creatief rekenwerk en een groot deel van het werk in de theoretische natuurkunde is besteed aan het zoeken naar een theorie waarin het oneindige aantal gesloten lussen in ruimte en tijd compleet verdwijnt. Alleen dan kunnen we de kwantummechanica verenigen met Einsteins algemene relativiteitstheorie en een totaaltheorie formuleren over de basiswetten van het heelal.

Hoe reëel is het vooruitzicht dat we deze complete theorie in het huidige millennium zullen weten te formuleren? Ik zou zeggen zeer reëel, maar ja, ik ben een optimist. In 1980 zei ik dat de kans dat we binnen twintig jaar een complete unificatietheorie zouden hebben, fiftyfifty was. We hebben sindsdien wel opmerkelijk veel vooruitgang geboekt, maar de complete theorie lijkt nog net zo ver weg. Zal de heilige graal van de natuurkunde dan altijd net buiten ons bereik blijven? Ik denk het niet.

Aan het begin van de twintigste eeuw begrepen we de werking van de natuur op de schaal van de klassieke natuurkunde, die gaat tot ongeveer een honderdste van een millimeter. Het werk aan de atoomfysica in de eerste dertig jaar van die eeuw verdiepte onze kennis tot lengtes van een miljoenste millimeter. Sindsdien heeft onderzoek in kern- en hoge-energiefysica ons gebracht naar lengteschalen met maten die nog een factor miljard kleiner zijn. Echter, er zit een grens aan deze reeks, net als er een grens zit aan het aantal matroesjka's in een matroesjka. Uiteindelijk komt men uit bij het kleinste poppetje, waar geen poppetje meer in past. In de natuurkunde is het kleinste poppetje de zogenaamde plancklengte en wordt een millimeter verdeeld in honderdduizend keer miljard keer miljard keer miljard. We zijn nog niet zover dat we deeltjesversnellers kunnen bouwen die zulke kleine afstanden kunnen verkennen. Die zouden groter zijn dan ons zonnestelsel en dat daar in het huidige financiële klimaat geld voor beschikbaar wordt gesteld, is niet waarschijnlijk. Echter, onze theorieën hebben gevolgen die met veel bescheidener middelen kunnen worden waargenomen.

In het laboratorium afdalen tot de plancklengte zal niet mogelijk blijken, maar we kunnen de oerknal bestuderen om bewijzen uit observaties te krijgen op hogere energieniveaus en kortere lengteschalen dan we op aarde kunnen bereiken. Maar voor een groot deel moeten we vertrouwen op wiskundige schoonheid en consistentie om de ultieme theorie van alles te vinden.

De visie op de toekomst uit *Star Trek*, namelijk dat we een verder ontwikkeld, maar in wezen statisch niveau zullen bereiken, kan waar blijken te zijn wat betreft onze kennis van de basiswetten die het heelal besturen. Maar ik denk niet dat we ooit een statische toestand zullen bereiken in het gebruik dat we van die wetten maken. De ultieme theorie zal geen grenzen stellen aan de complexiteit van systemen die we kunnen produceren en het is in deze complexiteit dat ik denk dat de belangrijkste ontwikkelingen in deze eeuw plaats zullen gaan vinden.

•

Verreweg het meest complexe systeem dat we kennen, is ons eigen lichaam. Het leven lijkt te zijn ontstaan in de oeroceaan die vier miljard jaar geleden de aarde bedekte. Hoe dit gebeurde, weten we niet. Het kan zijn dat uit willekeurige botsingen tussen atomen macromoleculen ontstonden die zichzelf konden reproduceren en zich met elkaar verbonden tot ingewikkelder structuren. Wat we wel weten is dat drieënhalf miljard jaar geleden de bijzonder gecompliceerde molecule DNA was verschenen. DNA is de grondslag van al het leven op aarde. Het is gebouwd als een dubbele helix of spiraal die in 1953 is ontdekt door Francis Crick en James Watson in het Cavendish Lab in Cambridge. De twee strengen van de dubbele helix zijn met elkaar verbonden door baseparen, paren van nucleobasen, als de treden van een wenteltrap. Er zijn vier typen nucleobasen: cytosine, guanine, adenine en thymine. De volgorde waarin de verschillende baseparen zich voordoen, draagt de genetische informatie die de DNA-molecule in staat stelt een organisme om zich heen te vormen en zichzelf te reproduceren. Bij die reproductie, het kopiëren van zichzelf, ontstaan af en toe fouten in de volgorde van de baseparen van de helix. In de meeste gevallen is het gevolg van een dergelijke kopieerfout dat het DNA zich niet kan reproduceren. Dergelijke genetische vergissingen of mutaties, zoals ze genoemd worden, zijn bijna nooit levensvatbaar. Maar in sommige gevallen kan de vergissing of mutatie de kans op het voortbestaan en reproductie van het DNA vergroten. Deze natuurlijke selectie van mutaties werd in 1858 voor de eerste keer geopperd door weer een man van Cambridge, Charles Darwin, al wist hij niets van het mechanisme dat erachter stak.

Omdat evolutie in biologische zin in wezen een willekeurige wandeling is in de ruimte van alle genetische mogelijkheden, is die heel langzaam verlopen. De complexiteit, of het aantal bits aan informatie die in het DNA zijn gecodeerd, wordt ruwweg weergegeven door het aantal baseparen in de molecule. Iedere bit informatie kan worden beschouwd als het antwoord op een ja-neevraag. Gedurende de eerste ruwweg twee miljard jaar moet de snelheid van de toename in complexiteit in de orde hebben gelegen van één bit informatie per honderd jaar. De mate van toename van DNA-complexiteit steeg de afgelopen paar miljoen jaar geleidelijk naar één bit per jaar. Maar nu staan we aan het begin van een nieuw tijdperk, waarin we in staat zullen zijn de complexiteit van ons DNA te vergroten zonder te hoeven wachten op het trage proces van biologische evolutie. De afgelopen tienduizend jaar heeft zich geen belangrijke verandering voorgedaan in het menselijk DNA. Maar waarschijnlijk kunnen we het DNA in de ko-

Wat is de grootste bedreiging voor de toekomst van deze planeet?

Een botsing met een planetoïde, waartegen we niets kunnen doen. De laatste botsing met een planetoïde was zo'n zesenzestig miljoen jaar geleden, waarna de dinosaurussen uitstierven. Een directer gevaar is dat de klimaatverandering op hol slaat. Door de stijging van de temperatuur van het zeewater smelten de ijskappen en komen enorme hoeveelheden kooldioxide vrij van de oceaanbodem. Door deze beide effecten kan ons klimaat gaan lijken op dat van Venus, maar met een temperatuur van 250 graden Celsius.

mende duizend jaar totaal opnieuw ontwerpen. Natuurlijk zeggen veel mensen dat genetische technologie bij mensen verboden zou moeten worden. Maar ik betwijfel of men ooit in staat zal zijn haar tegen te houden. Genetische technologie van planten en dieren zal toegestaan blijven om economische redenen en dan zal er altijd iemand zijn die het op mensen uitprobeert. Behalve in het geval van een totalitaire wereldorde zal ergens iemand verbeterde mensen ontwerpen.

Het ontwikkelen van verbeterde mensen zal uiteraard grote sociale en politieke problemen veroorzaken met niet-verbeterde mensen. Ik verdedig hier niet genetische technologie bij mensen als iets goeds, ik zeg alleen dat het dit millennium waarschijnlijk zal gaan gebeuren, of we het nu willen of niet. Precies daarom hecht ik weinig geloof aan sciencefiction als in *Star Trek*, waarin mensen in wezen over vierhonderd jaar niet anders zijn dan nu. Volgens mij zal de mensheid, met haar DNA, haar complexiteit snel doen toenemen.

In zekere zin moet de mensheid haar geestelijke en lichamelijke kwaliteiten wel verbeteren als ze zich wil kunnen handhaven in de steeds complexer wordende wereld om haar heen en met nieuwe uitdagingen als ruimtereizen om wil kunnen gaan. Ook moet zij de complexiteit van biologische systemen laten toenemen als ze voor wil blijven lopen op elektronische systemen. Op dit moment hebben computers alleen nog het voordeel van hun snelheid en vertonen ze geen enkel teken van intelligentie. Dat is niet zo verrassend aangezien onze huidige computers minder complex zijn dan het brein van een regenworm, een soort die niet bekend is vanwege zijn intellectuele vermogens. Maar computers gehoorzamen nog steeds aan de wet van Moore, geformuleerd door Gordon Moore van Intel. Volgens deze wet verdubbelen snelheid en complexiteit iedere anderhalf jaar. Het is zo'n exponentiële groei die niet eeuwig door kan gaan. Maar hij kan vermoedelijk wel zo lang doorgaan tot computers net zo complex zijn als het menselijk brein. Er zijn mensen die zeggen dat computers nooit echte intelligentie kunnen vertonen, wat dat dan ook mag zijn. Maar ik denk dat, als heel ingewikkelde chemische moleculen in mensen hun werk doen zodat wij intelligent zijn, net zulke complexe elektronische circuits ook computers op intelligente wijze kunnen laten handelen. En als zij intelligent zijn, dan kunnen ze waarschijnlijk computers ontwerpen die nog complexer en intelligenter zijn.

Dit is de reden waarom ik niet geloof in het sciencefictionbeeld van een verder ontwikkelde maar statische toekomst. Ik verwacht juist dat de complexiteit snel zal toenemen, zowel op biologisch als op elektronisch gebied. De komende honderd jaar zal er nog weinig van terechtkomen en wat er daarna gebeurt kunnen we met geen mogelijkheid voorspellen. Maar tegen het einde van het volgende millennium, als we dat halen tenminste, zal de kans op toename van de complexiteit groot zijn.

Lincoln Steffens zei ooit: 'Ik heb de toekomst gezien

en zij werkt.' Hij had het toen over de Sovjet-Unie, waarvan we nu weten dat die toch niet zo goed werkte. Toch denk ik dat de wereldorde een toekomst heeft, maar dat die heel anders zal zijn.

8

MOETEN WE DE RUIMTE KOLONISEREN?

Waarom zouden we de ruimte ingaan? Welke rechtvaardiging is er voor het doen van al die moeite en het spenderen van zoveel geld voor een paar maanstenen? Zijn er geen betere doelen hier op aarde? Het voor de hand liggende antwoord is, omdat de ruimte er is, overal om ons heen. De planeet niet verlaten zou zijn alsof we schipbreukelingen waren op een verlaten eiland en niet probeerden er weg te komen. We moeten het zonnestelsel wel verkennen om te zien waar mensen zouden kunnen leven.

In zekere zin lijkt onze situatie op die in Europa voor 1492. De mensen zouden met recht hebben kunnen beweren dat het geldverspilling zou zijn om Columbus te betalen voor zo'n dwaze onderneming. Maar de ontdekking van de Nieuwe Wereld maakte een enorm verschil voor de Oude. Denk je eens in dat we geen Big Macs zouden hebben en geen Kentucky Fried Chicken. De ruimte ingaan zal nog grotere gevolgen hebben. Het zal de toekomst van de mensheid totaal veranderen en misschien wel bepalen of we eigenlijk wel een toekomst hebben. Het zal geen van onze huidige problemen op aarde oplossen, maar ons er wel een nieuw perspectief op bieden en ervoor zorgen dat we naar buiten kijken in plaats van naar binnen. Hopelijk zal het ons verenigen om de gemeenschappelijke uitdaging samen aan te gaan.

Het zal dan wel een langetermijnstrategie worden, en met lange termijn bedoel ik honderden of zelfs duizenden jaren. We kunnen binnen dertig jaar een basis vestigen op de maan, binnen vijftig jaar Mars bereiken en binnen tweehonderd jaar de manen van de buitenplaneten verkennen. Met bereiken bedoel ik met ruimtevaartuigen met mensen aan boord. We hebben al Rovers op Mars laten rondrijden en op Titan, een maan van Saturnus, een verkenner gezet, maar als we het hebben over de toekomst van de mensheid, dan moeten we er toch zelf naartoe.

De ruimte ingaan zal niet goedkoop zijn, maar zal toch slechts een fractie kosten van de rijkdom van alle landen van de wereld samen. Sinds de tijd van de maanlandingen is het budget van NASA ongeveer hetzelfde gebleven in dollars, maar is wel gezakt van 0,3 procent van het BBP naar 0,12 procent. Zelfs als we het internationale budget twintig keer zouden verhogen om een serieuze poging te doen de ruimte te betreden, dan nog is dat een klein deel van het BBP van de hele wereld.

Er zullen mensen zijn die beweren dat het beter is ons geld te besteden aan de problemen van deze planeet, zoals de klimaatverandering en de milieuverontreiniging, in plaats van het uit te geven aan een mogelijk vruchteloze poging een nieuwe planeet te vinden. Ik zal niet ontkennen dat het zeer belangrijk is om de klimaatverandering en opwarming van de aarde te bestrijden, maar dat kunnen we doen en toch nog een kwart procent van het wereld-BBP besteden aan de ruimte. Is onze toekomst dat kwart procent niet waard?

In de jaren 1960 vonden we de ruimte wel die grote inspanning waard. In 1962 verplichtte president Kennedy de VS tot het zetten van een man op de maan tegen het einde van dat decennium. Op 20 juli 1969 landdden Buzz Aldrin en Neil Armstrong op de maan. Dat heeft de toekomst van de mensheid veranderd. Ik was toen zevenentwintig jaar oud, een jonge onderzoeker aan Cambridge, en miste de landing. Ik zat in een bijeenkomst over singulariteiten in Liverpool en luisterde naar een lezing van René Thom over de catastrofetheorie toen het gebeurde. Je kon in die tijd nog niet terugkijken op tv en we hadden geen tv, maar mijn zoon van twee heeft me erover verteld.

De ruimterace hielp bij het scheppen van een fascinatie met wetenschap en versnelde onze technologische vooruitgang. Veel van de huidige geleerden werden door de maanlandingen geïnspireerd om de wetenschap in te gaan met het doel meer te weten te komen over onszelf en onze plaats in het heelal. Het gaf ons een nieuw perspectief op onze wereld en dwong ons na te denken over de planeet als geheel. Maar na de laatste maanlanding in 1972 en het ontbreken van plannen voor meer bemande ruimtevluchten zakte de publieke belangstelling voor de ruimte in. Dit ging gepaard met een algemene desillusie in de wetenschap in het Westen omdat zij, ondanks de grote voordelen die zij had meegebracht, de sociale problemen niet had kunnen oplossen die steeds meer de aandacht van het publiek opeisten.

Een nieuw programma voor bemande ruimtevaart zou het publieke enthousiasme voor de ruimte en voor de wetenschap in haar geheel weer kunnen laten opbloeien. Missies met robots zijn veel goedkoper en kunnen meer wetenschappelijke gegevens opleveren, maar zij doen niet op dezelfde wijze een beroep op het voorstellingsvermogen van het publiek. En ze verspreiden de mensheid nog niet over de ruimte, waarvan ik nu juist zeg dat dat onze langetermijnstrategie moet zijn. De doelstelling om een basis op de maan te hebben in 2050 en mensen op Mars in 2070 zou het ruimtevaartprogramma nieuw leven inblazen en een doel geven, precies zoals president Kennedy's doel van een maanlanding eind jaren 1960 dat was. Eind 2017 kondigde Elon Musk zijn SpaceX-plannen aan voor een basis op de maan en een missie naar Mars in 2022 en president Trump heeft de NASA opdracht gegeven zich weer te gaan richten op verkenning en ontdekking, dus misschien zijn we er nog wel eerder.

Nieuwe belangstelling voor de ruimte zou ook de status van de wetenschap bij het publiek in het algemeen vergroten. Het weinige respect dat wetenschap en wetenschappers nu krijgen, heeft serieuze gevolgen. We leven in een samenleving die in toenemende mate beheerst wordt door wetenschap en technologie, en toch kiezen steeds minder jongelui voor de wetenschap als baan. Een nieuw en ambitieus ruimtevaartprogramma zou de aandacht trekken van jongeren en hen stimuleren de wetenschap in te gaan, en niet alleen astrofysica en ruimtewetenschap.

Hetzelfde geldt voor mij. Ik heb altijd gedroomd van een ruimtevlucht. Maar al die jaren heb ik gedacht dat dat het dan ook was, een droom. Gebonden aan de aarde, in een rolstoel nog wel, hoe zou ik dan ooit de grootsheid van de ruimte kunnen ervaren, behalve in mijn fantasie, en in mijn werk in de theoretische natuurkunde? Ik had nooit gedacht dat ik de gelegenheid zou krijgen om onze schitterende planeet vanuit de ruimte te zien of naar de oneindige ruimte eromheen te kunnen staren. Dit was het domein van de ruimtevaarders, dat handjevol gelukkigen dat het wonder en de opwinding van een ruimtevlucht mocht meemaken. Maar in 2007 was ik zo gelukkig dat ik mee kon vliegen met een gewichtloosheidsvlucht om voor de eerste keer gewichtloosheid te ervaren. Het was verbijsterend: ik had door kunnen blijven zweven en zweven en zweven.

Mijn uitspraak werd toen aangehaald dat ik bang was dat de mensheid geen enkele toekomst heeft als we niet de ruimte ingaan. Ik geloofde dat toen en geloof het nog steeds. En ik hoop dat ik heb laten zien dat iedereen kan deelnemen aan ruimtereizen. Ik geloof dat het aan wetenschappers zoals ik is om samen met innovatieve ondernemers alles te doen wat we kunnen om de opwinding en het wonder van de ruimtereis te promoten.

Maar kunnen mensen overleven als ze lange tijd niet op aarde zijn? Onze ervaringen met het ISS, het International Space Station, tonen aan dat het voor mensen mogelijk is om maanden buiten de aarde in leven te blijven. De gewichtloosheid in die baan om de aarde veroorzaakt echter wel een aantal onwenselijke lichamelijke veranderingen en het zwakker worden van de botten, naast praktische problemen met vloeistoffen en dergelijke. Alleen al daarom zou men een basis willen op een maan of een planeet. Door zich in de grond te verbergen is men beschermd tegen extreme temperaturen en tegen meteoren en kosmische straling. Die maan of planeet kan dan ook dienen als bron van grondstoffen die nodig zijn als de buitenaardse gemeenschap zichzelf zou moeten onderhouden, onafhankelijk van de aarde.

Waar bevinden zich de plaatsen in het zonnestelsel waar een menselijke kolonie gevestigd zou kunnen worden? Het meest voor de hand ligt de maan. Die is dichtbij en naar verhouding makkelijk te bereiken. We zijn er al op geland en hebben er in een wagentje overheen gereden. De maan is echter maar klein en heeft geen atmosfeer en geen magnetisch veld om de deeltjes van de zonnestraling tegen te houden, zoals de aarde dat heeft. Er is geen vloeibaar water maar misschien is er ijs te vinden in de kraters aan de noord- en zuidpool. Een kolonie op de maan zou dit kunnen gebruiken als bron van zuurstof en elektriciteit winnen uit kernenergie of zonnepanelen. De maan kan dienen als uitvalsbasis om naar de rest van het zonnestelsel te reizen.

Mars is uiteraard het volgende doel. Deze planeet staat anderhalf keer zo ver weg van de zon als de onze en ontvangt daarom maar de helft van haar warmte. Ooit had Mars een magnetisch veld, maar dat is vier miljard jaar geleden verdwenen en daarmee de bescherming tegen de zonnestraling. Daardoor is de atmosfeer grotendeels weggevaagd waardoor er slechts één procent van de druk heerst die we op aarde hebben. Dat die in het verleden veel groter was, kunnen we aflezen aan wat rivierbeddingen en meren lijken te zijn geweest. Nu kan er op Mars geen vloeibaar water meer voorkomen. Het zou in het bijna-vacuüm verdampen. Dit suggereert dat Mars een warmere, natte periode heeft doorgemaakt waarin leven óf spontaan, óf door panspermia, dat wil zeggen 'bevrucht' door levenskiemen van elders in de ruimte, kan zijn verschenen. Nu is er geen enkel teken van leven op Mars, maar als we ooit bewijzen zouden vinden dat er leven is geweest, dan zou dat een aanwijzing zijn dat de kans dat leven op een geschikte planeet tot ontwikkeling komt, behoorlijk groot is. We moeten er echter voor oppassen dat we de planeet dan besmetten met organismen van de aarde. En we moeten er evenzeer voor oppassen dat we geen leven mee terugnemen naar de aarde. We zouden er geen weerstand tegen hebben en dan kan dat leven het aardse leven uitroeien.

NASA heeft al een groot aantal ruimtevaartuigen naar Mars gestuurd, te beginnen met de Mariner 4 in 1964 en er zijn nog vele satellieten gevolgd. Ze hebben er de diepste kloven en hoogste bergen van het zonnestelsel tot nu toe ontdekt. De laatste ruimtevaartuigen zijn met succes op de planeet geland, waaronder twee Mars-Rovers. Ze hebben foto's teruggestuurd van een droog woestijnlandschap. Net als op de maan kunnen water en zuurstof mogelijk gewonnen worden uit ijs op de polen. Op de planeet heeft vulkanische activiteit plaatsgevonden. Hierdoor zullen mineralen en metalen naar het oppervlak kunnen zijn gebracht, die de kolonisten zouden kunnen gebruiken.

De maan en Mars zijn de geschiktste plekken voor ruimtekolonies in het zonnestelsel. Mercurius en Venus zijn te heet, terwijl Jupiter en Saturnus gasreuzen zijn zonder vast oppervlak. De manen van Mars zijn erg klein en bieden geen voordelen ten opzichte van Mars zelf. Een paar manen van Jupiter en Saturnus zouden ook in aanmerking kunnen komen. De buitenkant van Europa, een maan van Jupiter, is bevroren, maar er zou vloeibaar water onder kunnen zitten waar leven zich mogelijk heeft kunnen ontwikkelen. Hoe komen we daarachter? Moeten we op Europa landen en een gat door het ijs boren?

Titan, een maan van Saturnus, is groter en zwaarder

dan onze maan en bezit een dichte atmosfeer. De Cassini-Huygens-missie van NASA en ESA, de European Space Agency, heeft een sonde op Titan afgezet die foto's van het oppervlak naar de aarde heeft gestuurd. Het is daar, zo ver van de zon, echter erg koud en ik zou niet graag naast een meer van vloeibaar methaan wonen.

Maar wat als we ooit zo driest zijn en ons zonnestelsel verlaten? Uit observaties blijkt dat om een aanmerkelijk deel van de sterren planeten cirkelen. Tot nu toe kunnen we alleen reuzenplaneten opsporen met afmetingen als die van Jupiter en Saturnus, maar we kunnen gerust aannemen dat ze vergezeld gaan van kleinere, op de aarde lijkende planeten. Sommige daarvan zullen ook wel in het Goudlokjesgebied liggen, de zone waar de afstand tot de ster precies goed is om vloeibaar water aan het oppervlak mogelijk te maken. Binnen dertig lichtjaren van de aarde bevinden zich zo'n duizend sterren. Wanneer in het Goudlokjesgebied van één procent van die sterren planeten draaien, dan hebben we tien kandidaten voor een Nieuwe Wereld.

Neem bijvoorbeeld Proxima Centauri b. Deze exoplaneet staat het dichtst bij de aarde, maar nog altijd vierenhalf lichtjaar ver weg. Ze draait om de ster Proxima Centauri in het sterrenstelsel Alpha Centauri en uit recent onderzoek blijkt dat ze overeenkomsten vertoont met de aarde.

Hiernaartoe reizen is met de techniek van vandaag misschien nog niet mogelijk, maar in onze fantasie kunnen we van interstellair reizen ons doel maken voor de lange termijn, zeg tweehonderd tot vijfhonderd jaar. De snelheid waarmee we een raket weg kunnen schieten, wordt bepaald door twee factoren: de snelheid van de ontsnapping en de fractie van zijn massa die de raket verliest met het versnellen. De ontsnappingssnelheid van chemisch aangedreven raketten, zoals we die tot nu toe hebben gebruikt, is ongeveer drie kilometer per seconde. Door dertig procent van zijn massa af te stoten, kunnen ze een snelheid bereiken van ongeveer een halve kilometer per seconde meer en dan weer vertragen. Volgens NASA zou er in slechts tweehonderdzestig dagen naar Mars kunnen worden gevlogen plus of min tien dagen, terwijl sommige NASA-geleerden voorspellen dat het in honderddertig dagen kan. Om sneller te gaan, moet de ontsnappingssnelheid veel groter zijn dan met chemisch aangedreven raketten mogelijk is: de lichtsnelheid zelf. Daarnaast zouden we de vernietiging van deeltjes materie en antimaterie moeten gebruiken of een heel nieuwe vorm van energie. De afstand naar Alpha Centauri is zo groot dat, om die binnen een mensenleeftijd te bereiken, net zoveel raketbrandstof nodig is als de massa van alle sterren in de Melkweg samen. Met andere woorden, met de huidige technologie is interstellair reizen uitermate onpraktisch. Alpha Centauri zal nooit een vakantiebestemming worden.

We kunnen daar echter iets aan veranderen dankzij fantasie en vernuft. In 2016 hebben Yuri Milner en ik het Breakthrough Starshot gelanceerd, een onderzoeksen ontwikkelingsprogramma voor de lange termijn, gericht op het mogelijk maken van interstellair reizen. Als we slagen, dan sturen we een sonde naar Alpha Centauri, nog tijdens het leven van sommigen van jullie. Maar hier kom ik zo op terug.

Hoe beginnen we deze reis? Tot nu toe zijn onze verkenningen beperkt gebleven tot onze kosmische buurt. Het heeft veertig jaar geduurd voordat onze meest onverschrokken verkenner, Voyager, net de interstellaire ruimte bereikte. Met zijn snelheid van zestien kilometer per seconde heeft hij er zeventigduizend jaar voor nodig om Alpha Centauri te bereiken. Het Centauri-stelsel staat 4,37 lichtjaar bij ons vandaan, eenenveertig biljoen kilometer. Als er levende wezens zijn op Alpha Centauri, dan zijn die zo gelukkig niets af te weten van de opkomst van Donald Trump.

Het is duidelijk dat we een nieuw ruimtevaarttijdperk binnengaan. De eerste particuliere ruimtevaarders zullen de pioniers zijn en de eerste vluchten onvoorstelbaar duur, maar ik hoop dat ruimtevluchten na verloop van tijd binnen bereik komen van een groeiend deel van de aardbewoners. Het meenemen van steeds meer mensen de ruimte in zal een nieuwe betekenis geven aan onze plaats op aarde en aan onze verantwoordelijkheid als rentmeesters en zal ons helpen onze toekomstige plaats in de kosmos te herkennen – want ik geloof dat daar onze uiteindelijke bestemming ligt.

Breakthrough Starshot is een reële gelegenheid voor de mens om de eerste uitstapjes te maken in de kosmische ruimte met als een van de doelen het verkennen en afwegen van de mogelijkheden van kolonisatie. Het is het bewijs van een conceptmissie gebaseerd op drie concepten: heel kleine ruimtescheepjes, lichtvoortstuwing en *phase-locked lasers*. De Star Chip, een volledig functionele ruimteverkenner van niet meer dan enkele centimeters, zal worden bevestigd aan een licht zeil dat van metamaterialen zal zijn gemaakt en niet meer weegt dan een paar gram. Het concept is om duizend Star Chips aan lichte zeilen, nanoruimtescheepjes, de ruimte in te sturen. Op de grond zal een hele rij lasers op kilometerschaal gebundeld worden tot een enorm sterke lichtstraal. Die straal wordt door de atmosfeer gestuurd en zal de zeilen raken met een kracht van tientallen gigawatt.

Het idee achter deze innovatie is dat de nanoruimtescheepjes op de lichtstraal reizen. Niet helemaal met de snelheid van het licht, maar een vijfde daarvan, ruim 150 miljoen kilometer per uur. Een dergelijke zwerm kan Mars bereiken in minder dan een uur, Pluto in een paar dagen, de Voyager inhalen in nog geen week en Alpha Centauri bereiken in ruim twintig jaar. Eenmaal in dat stelsel aangekomen kunnen de ruimtevaartuigjes alle planeten daar in beeld brengen, magnetische velden en organische moleculen zoeken en op een andere laserstraal de data naar de aarde zenden. Dit zwakke signaal zal worden opgevangen door dezelfde reeks schotels die werden gebruikt om de laserstraal uit te zenden; het signaal zal ruim vier lichtjaar moeten overbruggen. Erg belangrijk is dat de route van de Star Chips langs Proxima Centauri b kan gaan, de planeet ter grootte van de aarde die in het bewoonbare gebied cirkelt van zijn ster in Alpha Centauri. Pas in 2017 hebben Breakthrough en het European Southern Observatory de krachten gebundeld om op zoek te gaan naar andere bewoonbare planeten in het stelsel van Alpha Centauri.

Breakthrough Starshot heeft ook secundaire doelen. Het zal ons zonnestelsel verkennen en mogelijk aardscheerders ontdekken, planetoïden die de baan van de aarde kunnen kruisen. En de Duitse natuurkundige Claudius Gros heeft voorgesteld de technologie ook te gebruiken om een biosfeer te scheppen van eencellige microben op verder slechts tijdelijk bewoonbare exoplaneten.

Tot zover is alles mogelijk. Er zijn echter een paar grote problemen. Een laser met de kracht van één gigawatt zou slechts enkele newtons stuwkracht leveren. Het nanoruimtescheepje compenseert dit echter met een massa van slechts enkele grammen. De problemen van de technische ontwikkeling zijn enorm. Het ruimtevaartuigje moet extreme versnelling, kou, vacuüm en protonen overleven en ook nog botsingen met ruimtepuin, zoals sterrenstof. Het richten van een reeks lasers van in totaal honderd gigawatt op de zonnezeilen zal bovendien erg moeilijk zijn vanwege atmosferische storingen. Hoe combineren we honderden lasers door de bewegende atmosfeer, hoe lanceren we de nanoruimte-

Het tijdperk van ruimtereizen begint bijna. Wat denkt u dat dat voor ons betekent?

Ik kijk uit naar reizen in de ruimte. Ik zou een van de eersten zijn die een kaartje kocht. Ik vermoed dat we binnen de komende honderd jaar in staat zullen zijn naar iedere plek in ons zonnestelsel te reizen, behalve misschien naar de verste buitenplaneten. Maar reizen naar de sterren zal iets langer duren. Ik denk dat we over vierhonderd jaar enkele van de nabije sterren hebben bezocht. Het zal niet zijn zoals in *Star Trek*. We zullen niet kunnen reizen met warpsnelheid. Dus een retourtje zal minstens tien jaar duren en vermoedelijk nog veel langer.

scheepjes zonder ze te verbranden, hoe sturen we ze in de juiste richting? Daarna moeten we ze twintig jaar lang laten functioneren in de ijskoude lege ruimte, zodat ze signalen terug kunnen sturen over een afstand van meer dan vier lichtjaar. Maar dat zijn technische problemen en technici lossen hun problemen meestal op. Terwijl dit project uitgroeit tot een volwassen technologie, kunnen andere spannende missies worden verzonnen. Ook zonder die krachtige laserstralen kan de reistijd naar andere planeten, de rand van het zonnestelsel of de interstellaire ruimte enorm worden gereduceerd.

Het zou natuurlijk geen interstellair reizen van mensen worden, zelfs niet als het systeem kan worden opgeschaald tot menselijke proporties – de reis zal nooit afgebroken kunnen worden. Maar het zou wel het moment zijn waarop de menselijke cultuur interstellair wordt, als we eindelijk verderop in onze Melkweg gaan kijken. En als Breakthrough Starshot beelden terugstuurt van een bewoonbare planeet die om de dichtstbijzijnde ster cirkelt, kan dat van immens belang zijn voor de toekomst van de mensheid.

Afsluitend kom ik terug op Einstein. Als we een planeet vinden in het Alpha Centauri-stelsel, dan zal het beeld, vastgelegd door een camera die reist op een vijfde van de lichtsnelheid, enigszins zijn verstoord door de effecten zoals die zijn voorspeld door de speciale relativiteitstheorie. Het zou de eerste keer zijn dat een ruimtevaartuig zo snel vloog dat dergelijke effecten zichtbaar zijn. Maar Einsteins theorie staat centraal in de hele missie. Zonder haar zouden we geen lasers hebben noch het vermogen de berekeningen uit te voeren die nodig zijn voor de begeleiding, het maken van de beelden en het terugsturen van data over eenenveertig biljoen kilometer met een vijfde van de lichtsnelheid.

We kunnen een verband ontwaren tussen de droom van een zestienjarige Einstein over het reizen op een lichtstraal en onze eigen droom om op onze eigen lichtstraal naar de sterren te reizen. We staan op de drempel van een nieuw tijdperk. Het stichten van een kolonie op een andere planeet is niet langer sciencefiction, het kan *sciencefact* worden, een wetenschappelijk feit. De mens bestaat als afzonderlijke diersoort zo'n twee miljoen jaar. De beschaving begon ongeveer tienduizend jaar geleden en de ontwikkelingssnelheid is almaar sneller gegaan. Als de mensheid het nog een miljoen jaar uit wil houden, dan ligt onze toekomst op een plaats waar nog nooit iemand is geweest.

Ik hoop er het beste van. Ik moet wel. Andere mogelijkheden hebben we niet.

9

ZAL KUNSTMATIGE INTELLIGENTIE SLIMMER WORDEN DAN WIJ?

Intelligentie is het belangrijkste aspect van wat het betekent mens te zijn. Alles wat de beschaving te bieden heeft, is een product van menselijke intelligentie.

DNA geeft de blauwdruk van het leven door aan de volgende generatie. Steeds ingewikkelder levensvormen verwerken de input van onze sensoren als ogen en oren, kortom zintuiginformatie, in de hersenen of andere systemen om te weten hoe te reageren, om vervolgens zelf informatie naar bijvoorbeeld de spieren te sturen. Op een gegeven moment ergens in de 13,8 miljard jaar van kosmische geschiedenis is er iets schitterends gebeurd. Deze verwerking van informatie werd zo intelligent dat de levensvormen bewustzijn kregen. Ons universum is nu wakker en wordt zich van zichzelf bewust. Ik beschouw het als een triomf dat wij, slechts sterrenstof, zo'n gedetailleerd inzicht hebben in het heelal waarin we leven.

Volgens mij is er geen kwalitatief verschil tussen het brein van een worm en dat van een computer. Ik geloof ook dat de evolutie betekent dat er geen kwalitatief verschil kan zijn tussen het brein van een worm en dat van een mens. Daaruit volgt dat computers in principe menselijke intelligentie kunnen voortbrengen, of zelfs iets beters dan dat. Het is wel degelijk mogelijk voor iets om een hogere intelligentie te verkrijgen dan zijn voorouder: wij zijn zo geëvolueerd dat we slimmer zijn dan onze aapachtige voorouders, net als Einstein slimmer was dan zijn ouders.

Tot nu toe hebben computers zich gehouden aan de wet van Moore, die zegt dat snelheid en complexiteit zich ieder anderhalf jaar verdubbelen, met als gevolg dat computers de mens waarschijnlijk ergens in de komende honderd jaar zullen inhalen wat betreft intelligentie. Als een kunstmatig intelligent iets beter wordt dan de ontwerpers van kunstmatige intelligentie (KI) zodat het zichzelf kan verbeteren zonder menselijke hulp, dan kunnen we voor een intelligentie-explosie staan die uiteindelijk zal resulteren in machines waarvan de intelligentie naar verhouding groter is dan onze intelligentie ten opzichte van die van een slak. Wanneer dat gebeurt, moeten we ons er wel van verzekerd hebben dat die computers dezelfde doeleinden hebben als wij. Het is verleidelijk het idee van hoogintelligente machines af te doen als sciencefiction, maar dat zou een vergissing zijn, en mogelijk de grootste vergissing die we ooit hebben gemaakt.

De afgelopen twintig jaar of daaromtrent is kunstmatige intelligentie gericht geweest op de problemen die de bouw van *intelligent agents*, systemen die hun omgeving waarnemen en erop reageren, met zich meebrengt. In deze context is intelligentie gerelateerd aan statistische en economische begrippen van rationaliteit, in gewone mensentaal: het vermogen om goede beslissingen te nemen, goede plannen te maken of op te treden. Ten gevolge van dit recente werk heeft een grote mate van integratie en kruisbestuiving plaatsgehad tussen kunstmatige intelligentie, machineleren, statistiek, regeltheorie, neurowetenschappen en andere terreinen. Het instellen van een gezamenlijke theoretische structuur in combinatie met de beschikbaarheid van data en verwerkingskracht heeft al opmerkelijke successen opgeleverd in verschillende deeltaken, zoals spraakherkenning, beeldclassificatie, zelfsturende voertuigen, machinaal vertalen, voortbewegen op poten en vraag-antwoordsystemen.

Terwijl de ontwikkeling op deze en andere gebieden zich beweegt van laboratoriumonderzoek naar economisch waardevolle technieken, ontwikkelt zich een effectieve cyclus, waarin zelfs kleine verbeteringen in prestaties veel geld waard zijn, wat meer en grotere investeringen in onderzoek rechtvaardigt. Er heerst nu algehele overeenstemming dat onderzoek op het terrein van KI geleidelijk wordt voortgezet en dat de invloed op de samenleving vermoedelijk zal toenemen. De potentiële voordelen zijn enorm; we kunnen niet voorspellen wat we zouden kunnen bereiken als deze intelligentie nog eens wordt vergroot door de instrumenten die KI kan aanreiken. Het uitroeien van ziekten en armoe is niet langer ondenkbaar. Vanwege het grote potentieel van KI is het belangrijk te onderzoeken hoe die voordelen binnengehaald kunnen worden terwijl mogelijke valkuilen worden vermeden. Succes in het scheppen van KI zou de grootste gebeurtenis zijn in de geschiedenis van de mensheid.

Jammer genoeg kan het ook wel eens de laatste gebeurtenis zijn, als we tenminste niet leren hoe we de risico's kunnen vermijden. KI kan, als ze als gereedschapskist wordt gebruikt, de bestaande intelligentie van de mens aanvullen om vorderingen te maken op ieder terrein van wetenschap en samenleving. Dit brengt echter ook gevaren met zich mee. Terwijl de primitieve vormen van KI die tot nu toe zijn ontwikkeld, heel nuttig zijn gebleken, ben ik bang voor de consequenties van het scheppen van iets wat de mens kan inhalen of zelfs voorbijstreven. KI kan dan zelfstandig verdergaan en zichzelf met toenemende snelheid herontwerpen. Mensen, die beperkt worden door de langzame evolutie, zouden er geen partij voor zijn en overvleugeld worden. En in de toekomst kan KI zelfs een eigen wil gaan ontwikkelen, een wil die in botsing komt met de onze. Sommigen geloven dat de mens de snelheid van de technologie lang kan blijven beheersen en dat de potentie van KI om de problemen in de wereld op te lossen, gerealiseerd zal worden. Hoewel ik bekendsta als een optimist met betrekking tot de mens, ben ik daar niet zo zeker van.

Op korte termijn bijvoorbeeld overwegen legers van

grote landen nu al een wedloop in autonome wapensystemen die zelf hun doelen kunnen uitkiezen en elimineren. Terwijl de VN nog praten over een verbod op dergelijke wapens, vergeten de voorstanders van autonome wapensystemen gewoonlijk de belangrijkste vragen: wat is de te verwachten afloop van een wapenwedloop en is die wenselijk voor de mensheid? Willen we wel dat goedkope autonome wapensystemen de kalasjnikovs van de toekomst worden, die op een of andere zwarte markt te koop worden aangeboden aan criminelen en terroristen? Gezien de zorgen over de mogelijkheid om op lange termijn steeds geavanceerdere KI-systemen te controleren, moeten we die dan wel bewapenen en onze verdediging aan ze overlaten? In 2010 veroorzaakten gecomputeriseerde handelssystemen op de aandelenmarkt de Flash Crash. Hoe zou een door de computer veroorzaakte crash eruitzien als het gaat om onze verdediging? Het beste moment om de automatische-wapenwedloop te stoppen is nu.

Op middellange termijn kan KI onze banen automatiseren en zowel welvaart als gelijkheid brengen. Kijken we nog verder, dan zien we geen fundamentele grens aan wat kan worden bereikt. Er is geen natuurkundige wet die deeltjes uitsluit van zelforganisatie op een manier die nog ingewikkelder berekeningen mogelijk maakt dan de organisatie van de deeltjes die het menselijk brein vormen. Een explosieve overgang is mogelijk, hoewel die anders kan aflopen dan in de films. Zoals Irving Good in 1965 al besefte kunnen machines met bovenmenselijke intelligentie hun ontwerpen herhaaldelijk verbeteren en een technologische singulariteit, zoals sciencefictionschrijver Vernor Vinge het noemde, veroorzaken. Men kan zich voorstellen hoe zo'n technologie slimmer is dan financiële markten en inventiever dan menselijke onderzoekers en ons kan onderwerpen met wapens die we niet eens begrijpen. Terwijl de kortetermijnimpact van KI afhangt van wie er aan de knoppen zit, hangt de langetermijnimpact ervan af óf er nog wel iemand aan de knoppen zit.

Kortom, de opkomst van superintelligente KI kan het allerbeste, maar ook het allerslechtste zijn dat de mens ooit zal overkomen. Het echte risico met KI is niet kwaadwillendheid maar competentie. Een superintelligente KI zal extreem goed zijn in het bereiken van haar doelen maar als die doelen niet op dezelfde lijn liggen als de onze, hebben we een probleem. Jij bent vermoedelijk geen kwaadaardige mierenhater die uit kwaadwillendheid op mieren trapt, maar als je aan het hoofd staat van een hydro-elektrisch groen energieproject en een mierenhoop in de omgeving onder water dreigt te komen staan, jammer dan voor de mieren. Laten we de mensheid niet in de positie brengen van die mieren. We zouden vooruit moeten plannen. Als een superieure samenleving van aliens ons een tekstboodschap stuurt met de mededeling 'Over enkele decennia zijn we er', zouden we dan alleen maar antwoorden: 'Oké, bel maar als je er bent, we laten de lampen aan'? Vermoedelijk niet, maar dit is min of meer wat er is gebeurd met KI. Er is weinig serieus onderzoek verricht naar deze zaken, alleen kleine non-profitorganisaties hebben zich ermee beziggehouden.

Gelukkig is dat nu aan het veranderen. Tech-pioniers als Bill Gates, Steve Wozniak en Elon Musk hebben dezelfde zorgen geuit als ik en inmiddels schiet een gezonde cultuur van risicoberekening en bewustzijn van de sociale gevolgen wortel in de KI-gemeenschap. In januari 2015 heb ik samen met tech-ondernemer Elon Musk en veel andere KI-specialisten een open brief getekend over kunstmatige intelligentie, waarin we oproepen serieus onderzoek te doen naar de impact daarvan op de samenleving. In het verleden heeft Elon Musk al gewaarschuwd dat bovenmenselijke kunstmatige intelligentie mogelijk onvoorstelbare voordelen kan brengen, maar als ze onnadenkend wordt ingevoerd, zal ze een nadelig effect kunnen hebben op de mensheid. We zitten beiden in de wetenschappelijke adviesraad van het Future of Life Institute, een organisatie die probeert de bestaande risico's waar de mensheid voor staat, af te wenden en die bovenstaande open brief heeft opgesteld. Hierin wordt opgeroepen concreet onderzoek te doen naar hoe we mogelijke problemen kunnen voorkomen en tegelijkertijd profiteren van de mogelijke voordelen die KI ons biedt. De brief is ook opgesteld om KI-onderzoekers en ontwikkelaars meer aandacht te laten besteden aan KI-veiligheid. En voor beleidsmakers en het grote publiek is de brief bedoeld om informatief te zijn, niet alarmerend. Volgens ons is het heel belangrijk dat iedereen weet dat KI-onderzoekers serieus nadenken over deze zorgen en de ethische aspecten. Zo is het bijvoorbeeld met KI mogelijk ziektes en armoede uit te bannen, maar onderzoekers moeten tegelijkertijd werken aan het scheppen van een KI die beheerst kan worden.

In oktober 2016 heb ik in Cambridge een nieuw centrum geopend waar geprobeerd zal worden enkele van de vragen te beantwoorden die zijn opgekomen door de snelle ontwikkelingen in KI-onderzoek. Het Leverhulme Centre for the Future of Intelligence is een multidisciplinair instituut, gewijd aan onderzoek naar de toekomst van intelligentie, dat cruciaal is voor de toekomst van onze beschaving en onze soort. We besteden veel tijd aan het bestuderen van de geschiedenis die, laten we eerlijk zijn, toch grotendeels een geschiedenis van domheid is. Het is dus een welkome verandering dat mensen in plaats daarvan de toekomst van intelligentie gaan bestuderen. We zijn ons bewust van de potentiële gevaren, maar misschien zijn we met de instrumenten van deze nieuwe technologische revolutie in staat iets van de schade te herstellen die door de industrialisatie is aangebracht aan het milieu.

Een van de recente ontwikkelingen rondom KI was een oproep van de juridische commissie van het Europees Parlement om regels op te stellen om het maken van robots en KI te kunnen beheersen. Enigszins verrassend was dat hierin een vorm van elektronisch 'menszijn' was opgenomen, waarin de rechten en plichten van de bekwaamste en verst gevorderde KI staan. Een woordvoerder legde uit dat, als een toenemend aantal aspecten van ons dagelijks leven meer en meer wordt beïnvloed door robots, we er zeker van moeten zijn dat robots in dienst staan van de mens en dat altijd zullen blijven. Het rapport, dat aan de leden van het Europees Parlement werd aangeboden, maakt duidelijk dat het Parlement gelooft dat de wereld op het beginpunt staat van een nieuwe industriële revolutie. In het rapport wordt bekeken of het geven van rechten aan robots als elektronische personen, wat in lijn zou zijn met de wettelijke definitie van een rechtspersoon, zou zijn toegestaan. Maar benadrukt wordt dat onderzoekers en ontwerpers te allen tijde moeten garanderen dat in ieder robotontwerp een *kill switch* zit.

Dit hielp de geleerden aan boord van het ruimteschip niet met Hal, de defecte robotische computer in Stanley Kubricks *2001: A Space Odyssey*, maar dat was fictie. Wij hebben te maken met feiten. Volgens Lorna Brazell, partner van de multinationale advocatenfirma Osborne Clarke, geven we walvissen en gorilla's in dat rapport ook geen rechtspersoonlijkheid, dus dat is voor robots ook helemaal niet nodig. Maar de zorg bestaat. In het rapport wordt erkend dat KI binnen enkele decennia de intellectuele capaciteit van de mens kan overstijgen en de relatie mens-robot op de helling kan zetten.

In 2025 zijn er zo'n dertig megasteden, steden met meer dan tien miljoen inwoners. En al die mensen roepen om goederen en diensten die worden geleverd op het moment dat zij het willen; kan de technologie ons helpen ons verlangen naar instant-levering te bevredigen? Robots zullen zeker het online winkelen stimuleren, maar om een echte revolutie in het boodschappen doen te veroorzaken, moeten ze zo snel zijn dat iedere bestelling dezelfde dag nog geleverd wordt.

Het aantal mogelijkheden om met de wereld te interacteren zonder lichamelijk aanwezig te zijn, neemt snel toe. Zoals je je kunt voorstellen vind ik dat aantrekkelijk, niet in het minst omdat het stadsleven voor ons allemaal zo druk is. Hoe vaak heb je niet gewenst dat je een dubbelganger had om je werklast mee te delen? Het scheppen van realistische digitale surrogaten van onszelf is nog een ambitieuze droom, maar de modernste technologie suggereert dat het idee niet meer zo vergezocht is als het klinkt.

Toen ik jonger was, wees de opkomst van de technologie naar een toekomst waarin we allemaal konden genieten van meer vrije tijd. Maar het blijkt dat, hoe meer we kunnen doen, hoe drukker we het gaan krijgen. Onze steden staan al vol machines die onze vermogens vergroten, maar wat als we nu eens op twee plaatsen tegelijk konden zijn? We zijn al gewend aan geautomatiseerde stemmen aan de telefoon en bij openbare aankondigingen. Nu onderzoekt uitvinder Daniel Kraft de mogelijkheid onszelf ook visueel te dupliceren. De vraag is nog wel hoe overtuigend zo'n avatar kan zijn.

Interactieve tutors kunnen nuttig blijken voor massaal onderwijs online en voor ontspanning kan het echt opwindend worden. Digitale acteurs die eeuwig jong zijn en in staat anders onmogelijke opdrachten te vervullen. Onze toekomstige idolen zijn misschien niet eens echt meer.

Hoe we verbonden zijn met die digitale wereld is de sleutel tot de vooruitgang die we nog zullen gaan maken. In de intelligentste steden zullen de intelligentste huizen zijn voorzien van toestellen die zo intuïtief zijn dat je bijna moeiteloos met ze kunt interacteren.

Toen de typemachine was uitgevonden, veranderde die de manier waarop we met machines interacteren. Het is bijna honderdvijftig jaar later en touchscreens hebben een nieuwe manier gebracht om in de digitale wereld te communiceren. Recente mijlpalen in KI, zoals de zelfsturende auto en de computer die een spelletje Go wint, zijn signalen van wat er nog gaat komen. Er wordt enorm veel geïnvesteerd in deze technologie, die al een belangrijk deel van ons leven uitmaakt. In de komende decennia zal KI doordringen in ieder aspect van de samenleving en ons intelligent steunen en adviseren op uiteenlopende gebieden als gezondheidszorg, arbeid, onderwijs en wetenschap. Dat wat er tot nu toe is bereikt, zal bleek afsteken bij wat de komende decennia ons zullen brengen en we kunnen niet voorspellen wat wij nog allemaal kunnen bereiken als onze geest wordt versterkt met KI.

Misschien dat we met de gereedschappen van deze nieuwe technologische revolutie het leven van de mens kunnen verbeteren. Onderzoekers ontwikkelen bijvoorbeeld KI die zou kunnen helpen met het omzeilen van de verlamming bij mensen met een dwarslaesie. Met gebruik van geïmplanteerde chips en een draadloze elektronische interface tussen de hersenen en het lichaam kunnen zij, dankzij de technologie, hun lichaamsbewegingen beheersen met hun gedachten.

Volgens mij zal de toekomst van de communicatie worden bepaald door hersen-computerinterfaces. Er zijn twee manieren: elektroden op de schedel en implantaten. De eerste manier is als kijken door een beslagen ruit, de tweede is beter, maar daarbij bestaat het risico op infectie. Als we een menselijk brein kunnen verbinden met het internet, dan zal de eigenaar de hele Wikipedia ter beschikking hebben als database van kennis.

De wereld is steeds sneller gaan veranderen nu mensen, apparaten en informatie meer en meer met elkaar verbonden zijn. De rekenkracht neemt toe en binnenkort hebben we kwantumcomputers. Dat zal een revolutie teweegbrengen in de kunstmatige intelligentie, omdat de rekensnelheid exponentieel zal groeien. Encryptie zal verder ontwikkeld worden. Kwantumcomputers zullen alles veranderen, zelfs de biologie van de mens. Er bestaat al een techniek waarmee DNA nauwkeurig kan worden aangepast, CRISPR (Clustered Regularly Interspaced Short Palindromic Repeats). De basis voor

Waarom maken we ons zoveel zorgen over kunstmatige intelligentie? Mensen kunnen er toch op ieder moment de stekker uittrekken?

Mensen vroegen een computer: 'Is er een God?'
En de computer zei 'Nu wel', en liet de stekker vast smelten in het stopcontact.

deze techniek om het genoom te veranderen is een bacterieel afweermechanisme. Met CRISPR kunnen heel nauwkeurig stukjes genetische code worden geknipt en geplakt. De beste bedoelingen van genetische manipulatie is dat het veranderen van genen wetenschappers in staat zou stellen genetische oorzaken van ziekten te behandelen door genetische mutaties te corrigeren. Er zijn echter ook minder nobele doelen om DNA te manipuleren. Hoever we zullen gaan met genetische modificatie zal een steeds dringender vraag worden. We zien nog geen enkele mogelijkheid om neurologische ziekten – zoals mijn ALS – te genezen zonder niet ook een glimpje op te vangen van de gevaren.

Intelligentie wordt gekenmerkt door het vermogen om te veranderen. Menselijke intelligentie is het resultaat van generaties natuurlijke selectie van hen die het vermogen hadden zich aan te passen aan veranderde omstandigheden. We moeten niet bang zijn voor verandering. We moeten ervoor zorgen dat ze in ons voordeel werkt.

We hebben allemaal onze rol te spelen om ervoor te zorgen dat wij, en de generatie na ons, niet alleen de gelegenheid hebben maar ook de vastberadenheid om al jong te beginnen met het studeren van een wetenschappelijk vak, zodat we ons potentieel kunnen vervullen en een betere wereld kunnen scheppen voor heel de mensheid. We moeten de studie over hoe KI zou moeten zijn, over de theoretische discussie heen tillen en actie ondernemen om ervoor te zorgen dat we kunnen plannen hoe KI kan worden. We hebben allemaal de potentie om de grenzen van wat geaccepteerd is of verwacht wordt, te verschuiven en groot te denken. We staan op de drempel van een *brave new world*. Het is een spannende, onzekere plaats om te zijn, en wij zijn de pioniers.

Toen we het vuur hadden uitgevonden, maakten we er herhaaldelijk een potje van en vonden we de brandblusser uit. Met krachtiger technologieën als kernwapens, synthetische biologie en een sterke kunstmatige intelligentie moeten we nu echter vooruitdenken en ons erop richten dat we de dingen direct goed doen, omdat dit misschien de enige kans is die we krijgen. Onze toekomst is een wedloop tussen de groeiende macht van onze technologie en de wijsheid waarmee we die gebruiken. Laten we ervoor zorgen dat de wijsheid wint.

10

HOE GEVEN WIJ DE TOEKOMST VORM?

Een eeuw geleden bracht Albert Einstein een revolutie teweeg in ons begrip van ruimte, tijd, energie en materie. Nog steeds vinden we fantastische bevestigingen van zijn voorspellingen, zoals de zwaartekrachtgolven die door het LIGO-experiment in 2017 werden waargenomen. Als ik aan inventiviteit denk, komt direct Einstein in me op. Waar kwamen die ingenieuze ideeën van hem toch vandaan? Een mengsel van kwaliteiten misschien: intuïtie, originaliteit, slimheid. Einstein bezat het vermogen om door de buitenkant heen te kijken om de onderliggende structuur te zien. Hij werd niet gehinderd door het zogenaamd gezonde verstand, het idee dat de dingen moeten zijn zoals ze lijken. Hij had de moed ideeën te verkennen die op anderen absurd overkwamen. En daardoor had hij de vrijheid om ingenieus te zijn, een genie van zijn tijd, van ieders tijd.

Een sleutelelement van Einstein was zijn voorstellingsvermogen. Veel van zijn ontdekkingen kwamen voort uit zijn vermogen zich het heelal opnieuw voor te stellen via gedachte-experimenten. Toen hij zestien was en zich voorstelde hoe hij op een lichtstraal reisde, besefte hij dat vanuit dat punt licht eruit zou zien als een zogenaamde staande golf. Dat beeld leidde uiteindelijk tot zijn speciale relativiteitstheorie.

Een eeuw later weten natuurkundigen veel meer over het heelal dan Einstein ooit wist. We beschikken over veel betere instrumenten om dingen te ontdekken zoals deeltjesversnellers, supercomputers en ruimtetelescopen, en doen experimenten als dat van LIGO met zwaartekrachtgolven. Toch is voorstellingsvermogen nog steeds onze sterkste eigenschap. Hiermee kunnen we overal in ruimte en tijd onbeperkt rondzwerven. We kunnen de meest exotische natuurverschijnselen waarnemen terwijl we in een auto zitten, in bed wegsoezen of op een feestje doen alsof we naar een of andere saaie piet luisteren.

Als jongen was ik bijzonder geïnteresseerd in hoe dingen werken. In die tijd was het wel eenvoudiger om iets uit elkaar te halen om de werking ervan te achterhalen. Ik slaagde er niet altijd in om het speelgoed dat ik had gesloopt, weer in elkaar te zetten, maar ik denk dat ik meer leerde dan de jongens en meisjes vandaag de dag, die hetzelfde proberen met een smartphone.

Het is nu mijn baan om uit te knobbelen hoe dingen werken, alleen is de schaal veranderd. Ik maak geen speelgoedtreintjes meer kapot. In plaats daarvan probeer ik er met behulp van de wetten van de natuurkunde achter te komen hoe het heelal werkt. Als je weet hoe iets werkt, kun je het ook beheersen. Het klinkt zo eenvoudig als ik het zo zeg! Het is een boeiende en complexe onderneming die me mijn hele volwassen leven heeft gefascineerd en aangegrepen. Ik heb samengewerkt met enkele van de grootste geleerden ter wereld. Ik ben zo gelukkig geweest dat ik leefde in wat een glorieuze tijd zou worden voor het door mij gekozen terrein, de kosmologie, de studie naar de oorsprong van het heelal.

Het menselijke brein is een ongelooflijk fenomeen. Het kan zich de grootsheid voor de geest halen van het universum en de complexiteit van de basiscomponenten van materie. Maar ieder brein heeft een vonk nodig om volledig tot wasdom te komen, de vonk van nieuwsgierigheid en verwondering.

Die vonk is vaak afkomstig van een leraar. Laat me dat uitleggen. Ik was niet de makkelijkste leerling, ik was langzaam in leren lezen en mijn handschrift was slordig. Maar toen ik veertien was, liet een leraar op school in St. Albans, Dikran Tahta, me zien hoe ik mijn energie kon inzetten en moedigde me aan creatief te denken over rekenen. Hij opende mij de ogen voor wiskunde als blauwdruk van het hele heelal. Achter ieder bijzonder persoon staat een bijzondere leraar. Als ieder van ons nadenkt over wat we in ons leven kunnen doen, dan is de kans groot dat we dat kunnen vanwege een leraar.

Maar in het Verenigd Koninkrijk worden onderwijs en wetenschap en technologisch onderzoek meer bedreigd dan ooit. De laatste wereldwijde financiële crisis en de daaropvolgende bezuinigingen hebben ervoor gezorgd dat er ernstig is gesneden in de financiering van alle terreinen van wetenschap, maar het waren de fundamentele wetenschappen die enorm zijn getroffen. Nu lopen we ook nog het risico dat we cultureel geïsoleerd raken en steeds verder af komen te staan van waar vooruitgang wordt geboekt. Op het niveau van onderzoek maakt de uitwisseling van mensen het mogelijk om vaardigheden snel door te geven, nieuwe mensen komen met nieuwe ideeën, die voortspruiten uit hun andere achtergrond. Hieruit kan op eenvoudige wijze vooruitgang ontstaan, waar die vooruitgang nu veel moeilijker te bereiken zal zijn. Jammer genoeg kunnen we niet terug in de tijd. Met Brexit en Trump die met hernieuwde kracht de ontwikkeling van onderwijs tegenhouden, zijn we getuige van een wereldwijde opstand tegen specialisten, onder wie wetenschappers. Dus wat kunnen we nu nog doen om de toekomst van het onderwijs in wetenschap en technologie veilig te stellen?

Ik kom terug bij mijn leraar, mijnheer Tahta. De basis van de toekomst van onderwijs moet liggen bij de scholen en inspirerende leerkrachten. Maar scholen kunnen slechts een fundament leggen, terwijl domweg uit je hoofd leren, vergelijkingen en examens kinderen kunnen vervreemden van de wetenschap. De meeste mensen kiezen voor kwalitatief in plaats van kwantitatief begrijpen, zodat ze geen ingewikkelde vergelijkingen hoeven te maken. Boeken en artikelen over wetenschap die geschreven zijn voor gewone mensen, kunnen ook ideeën overbrengen over de manier waarop we leven. Maar slechts een klein percentage van de mensen leest nog een boek, bestseller of niet. Documentaires en films over wetenschap bereiken een miljoenenpubliek, maar die communicatie is erg eenzijdig.

Toen ik in de jaren 1960 met mijn onderzoek begon, was de kosmologie een obscure en excentrieke tak van wetenschap. Maar dankzij theoretisch werk en de triomfen van het experiment, zoals met de Large Hadron Collider en de ontdekking van het higgsboson, heeft de kosmologie het heelal voor ons geopend. Er zijn nog steeds belangwekkende vragen te beantwoorden en er is nog veel werk te doen. We weten nu wel ontzaglijk veel meer dan toen en hebben in een relatief korte tijd meer bereikt dan wie dan ook voor mogelijk had gehouden.

Maar wat is nog mogelijk voor de jongelui van nu? Ik kan met grote stelligheid zeggen dat hun toekomst nog meer zal afhangen van wetenschap en technologie dan die van vorige generaties. De huidige jeugd moet van wetenschap meer weten dan ooit het geval is geweest omdat het in een nooit eerder vertoonde mate deel uitmaakt van het dagelijks leven.

Zonder al te wild te willen speculeren zijn er trends aanwijsbaar en doemen problemen op waarvan we weten dat ze opgelost dienen te worden, nu en in de toekomst. Hieronder schaar ik de opwarming van de aarde, het vinden van ruimte en hulpbronnen voor de enorme toename van de wereldbevolking, het snelle uitsterven van andere soorten, de noodzaak duurzame energiebronnen te ontwikkelen, de vervuiling van de oceanen, ontbossing en epidemieën, om er maar enkele te noemen.

Dan zijn er ook nog grote uitvindingen in de toekomst, die een revolutie zullen betekenen voor onze wijze van leven, werken, eten, reizen en communiceren. Er is zo'n enorme ruimte voor innovatie op ieder gebied van het leven. Dat is spannend. We kunnen vreemde metalen van de maan gaan halen, een buitenpost stichten op Mars en geneeswijzen en behandelingen vinden voor aandoeningen waarvan genezing nu nog niet mogelijk is. De grote vragen van het bestaan zijn nog onbeantwoord – hoe is het leven op aarde begonnen? Wat is bewustzijn? Is er iemand daarbuiten of zijn wij alleen in het heelal? Dat zijn de vragen waar de volgende generatie antwoorden op moet zien te vinden.

Sommigen denken dat de hedendaagse mens het toppunt is van evolutie en dat het niet beter gaat worden. Daar ben ik het niet mee eens. Er zou iets heel bijzonders moeten zijn aan de grensvoorwaarden van ons heelal en wat is er bijzonderder dan dat er helemaal geen grens is? Er zou ook geen grens moeten zijn aan de menselijke pioniersgeest. We hebben naar mijn mening twee opties voor de toekomst van de mensheid: ten eerste de ruimte in, op zoek naar andere planeten om op te wonen, en ten tweede het positieve gebruik van kunstmatige intelligentie om onze wereld te verbeteren.

De aarde is te klein voor ons aan het worden. Onze

natuurlijke hulpbronnen raken in een alarmerend tempo uitgeput. De mensheid heeft onze planeet de rampzalige gift geschonken van klimaatverandering, vervuiling, stijgende temperaturen, smeltende poolkappen, ontbossing en decimering van het aantal diersoorten. Het aantal mensen op aarde neemt met alarmerende snelheid toe en verdubbelt iedere veertig jaar. In het licht van deze cijfers is duidelijk dat de huidige exponentiële groei niet tot in het volgende millennium kan doorgaan.

Een andere reden om te overwegen een andere planeet te koloniseren is de kans op een kernoorlog. Er is een theorie die zegt dat er een oorzaak is voor het ontbreken van contact met buitenaardse wezens: wanneer een beschaving ons ontwikkelingsstadium bereikt, wordt ze instabiel en vernietigt ze zichzelf, en dat zou met een buitenaardse samenleving kunnen zijn gebeurd. We hebben al de technologische kracht om ieder levend wezen op aarde uit te roeien. Zoals we hebben gezien bij de recente ontwikkelingen in Noord-Korea is dit een ontnuchterende en zorgwekkende gedachte.

Maar ik geloof dat we dit potentiële armageddon kunnen vermijden en een van de beste manieren om dat te doen, is de ruimte ingaan en de mogelijkheden verkennen voor de mens om op andere planeten te wonen.

De tweede ontwikkeling die zoveel impact zal hebben op de toekomst van de mensheid, is de opkomst van kunstmatige intelligentie.

Onderzoek aan KI vordert snel. Recente mijlpalen zoals zelfsturende auto's, een computer die het tv-spelletje Jeopardy! wint en de digitale persoonlijke assistenten Siri, Google Now en Cortana zijn slechts symptomen van een IT-wapenwedloop, van brandstof voorzien door ongekende investeringen, en de bouw van een steeds volwassener theoretische fundering. Dergelijke prestaties zullen waarschijnlijk maar bleekjes afsteken bij wat de komende decennia gaan brengen.

Maar de opkomst van superintelligente KI kan het beste dan wel het slechtste zijn wat de mensheid kan overkomen. We weten niet of we altijd zullen worden geholpen door KI of worden genegeerd en buitenspel gezet, of er misschien door worden vernietigd. Ik ben een optimist en ik geloof dat we kunstmatige intelligentie kunnen creëren die de wereld ten goede zal komen. Dat ze met ons kan samenwerken. We moeten ons alleen bewust zijn van de gevaren en die benoemen, om KI daarna op de best mogelijke wijze in te zetten en te beheersen en ons ruim van tevoren voor te bereiden op de consequenties.

Technologie heeft een enorme invloed op mijn leven. Ik praat met behulp van een computer. Ik heb van assistentietechnologie gebruikgemaakt om me een stem te geven nadat mijn ziekte de mijne van me had afgenomen. Intel steunt me al ruim vijfentwintig jaar en stelt me in staat te doen wat ik iedere dag het liefste doe. In al die jaren is de wereld, en de impact van de technologie daarop, enorm veranderd. Technologie heeft de manier veranderd waarop wij ons leven leiden, van communicatie tot genetisch onderzoek, toegang tot informatie en nog veel, veel meer. De technologie is slimmer geworden en heeft deuren geopend naar mogelijkheden die ik niet eens had kunnen voorspellen. De technologie die momenteel ontwikkeld wordt om gehandicapten te steunen, loopt voorop in het afbreken van de grenzen van de communicatie die ooit in de weg stonden. De wereld van de invaliden is vaak een proefterrein voor de technologie van de toekomst. Van spraak naar geschreven tekst, tekst naar spraak, thuisautomatisering, rijden met afstandsbediening, zelfs de Segway, dit alles werd ontworpen voor invaliden en pas veel later aangepast voor algemeen gebruik. Deze technologische prestaties zijn aangestoken door de vonk in onszelf, de creatieve kracht. Deze creativiteit kan veel vormen aannemen, van fysieke prestaties tot theoretische natuurkunde.

Maar er gaat nog zoveel meer gebeuren. Herseninterfaces worden al door meer en meer mensen gebruikt om te communiceren, maar het kan nog veel sneller en expressiever. Ik gebruik Facebook, waardoor ik rechtstreeks met vrienden en volgers wereldwijd kan praten zodat zij op de hoogte blijven van mijn laatste theorieën en foto's zien van mijn reizen. Het betekent ook dat ik kan zien wat mijn kinderen echt uitvoeren in plaats van wat ze me vertellen dat ze doen.

In dezelfde zin dat het internet, onze mobieltjes, medische beeldvormende technieken, satellietnavigatie en sociale netwerken volstrekt onbegrijpelijk zouden zijn voor nog maar enkele generaties geleden, zal onze toekomstige wereld net zozeer getransformeerd worden op manieren die we pas geleidelijk aan het begrijpen zijn. Informatie alleen zal ons daar niet naartoe voeren, maar het intelligente en creatieve gebruik ervan wel.

Er is nog zoveel meer onderweg en ik hoop dat dat de schoolkinderen van nu zal inspireren. Maar wij moeten ervoor zorgen dat deze generatie niet alleen de gelegenheid heeft, maar ook de wens om zich al vroeg helemaal te wijden aan de studie van een wetenschap, zodat zij hun mogelijkheden kunnen benutten om een betere wereld te scheppen voor de hele mensheid. En volgens mij is de toekomst van onderwijs en studie het internet. Mensen kunnen direct op elkaars vragen en antwoorden reageren. In zekere zin verbindt het internet ons allemaal als de neuronen van een reusachtig brein. En wat zouden we wel niet kunnen bereiken met het daarbij passende IQ?

Toen ik jong was, werd nog wel geaccepteerd – niet van mij, maar in het algemeen – dat je zei dat je geen belangstelling had voor wetenschap en het belang er niet van inzag je er druk om te maken. Dat is niet langer het geval. Laat me dat verduidelijken. Ik propageer niet de gedachte dat alle jongeren zouden moeten opgroeien tot geleerden. Ik beschouw dat ook niet als een ideale situatie, aangezien de wereld mensen nodig heeft met zeer uiteenlopende vaardigheden. Maar wat ik bepleit is dat jonge mensen bekend moeten zijn met en vertrouwen moeten hebben in wetenschappelijke onderwerpen, wat ze zelf ook gaan doen. Ze moeten iets weten van wetenschap, niet bang zijn voor wetenschappelijke onderwerpen en geïnspireerd zijn om ontwikkelingen in wetenschap en technologie te volgen om er meer over te weten te komen.

Een wereld waarin alleen een kleine superelite in staat is vergevorderde wetenschap en technologie en hun toepassingen te begrijpen, zou volgens mij een gevaarlijke en beperkte wereld zijn. Ik betwijfel in hoge mate of op de lange duur heilzame projecten als het schoonmaken van de oceanen of het genezen van besmettelijke ziekten in ontwikkelingslanden dan wel prioriteit zullen krijgen. Erger nog, we zouden er wel eens achter kunnen komen dat technologie tegen ons wordt gebruikt en dat we niet in staat zijn dat tegen te houden.

Ik geloof niet in grenzen, niet van wat we in ons persoonlijke leven kunnen doen, noch van wat leven en intelligentie kunnen betekenen voor ons heelal. We staan op de drempel van grote ontdekkingen op alle gebieden van wetenschap. Over vijftig jaar zal onze wereld ongetwijfeld heel anders zijn. We zullen erachter komen wat er tijdens de oerknal is gebeurd. We zullen gaan begrijpen hoe het leven op aarde is begonnen. We kunnen er zelfs achter komen of er elders in het heelal leven is. Hoewel de kans dat we gaan communiceren met een intelligent buitenaards wezen klein is, is een dergelijke ontdekking zo belangrijk dat we ernaar moeten blijven zoeken. We zullen de kosmische werkelijkheid blijven verkennen en robots en mensen het heelal in blijven

Welk baanbrekende idee om de wereld te veranderen, klein of groot, zou u graag geïmplementeerd zien door de mensheid?

Dat is makkelijk. Ik zou graag de ontwikkeling zien van kernfusie om de wereld van een onbeperkte hoeveelheid energie te voorzien, en een overgang naar elektrische auto's. Kernfusie zou een praktische energiebron zijn en ons een onuitputtelijke voorraad energie verschaffen, zonder vervuiling of opwarming van de aarde.

sturen. We kunnen niet slechts naar binnen blijven kijken, naar onszelf, op onze kleine en steeds overbevolkter en vervuilder planeet. We moeten via wetenschappelijk initiatief en technologische innovatie naar buiten gaan kijken, naar het grote heelal, terwijl we de problemen op aarde aanpakken. En ik ben zo optimistisch om te denken dat we uiteindelijk leefbare habitats op andere planeten zullen scheppen waar de mens kan leven. We zullen opstijgen van de aarde en leren in de ruimte te overleven.

Dit is niet het einde van het verhaal, maar pas het begin van, naar ik hoop, een miljarden jaren durende bloeitijd in de kosmos.

Nog één ding: we zullen nooit echt weten waar de volgende grote ontdekking plaats zal vinden en al helemaal niet wie haar zal doen. Wie de spanning en verbazing van de wetenschappelijke ontdekking zal openbaren, wie innovatieve en toegankelijke manieren zal scheppen om een hand uit te kunnen steken naar het grootst mogelijke jonge publiek, waarmee de kans op het vinden en inspireren van een nieuwe Einstein enorm toe zal nemen. Waar ze ook mag zijn.

Kijk dus naar de sterren en niet naar je voeten. Probeer te begrijpen wat je ziet en vraag je af waardoor het heelal bestaat. Wees nieuwsgierig. En hoe moeilijk het leven soms ook lijkt, er is altijd iets wat je kunt doen en waar je in kunt slagen. Het is belangrijk dat je niet opgeeft. Laat je verbeelding de vrije loop. Vorm de toekomst.

Nawoord

Lucy Hawking

Op een grijze voorjaarsdag in Cambridge vertrokken we in de rouwstoet van zwarte auto's naar Great St. Mary's Church, de kerk van de universiteit waar traditioneel de uitvaartdienst wordt gehouden voor eminente geleerden. Het was nog kerstvakantie en de straten leken verstomd. Cambridge zag er leeg uit, er was zelfs geen ronddwalende toerist te zien. De enige kleur kwam van de blauwe zwaailichten van de politiemotoren die de stoet begeleidden, als bewakers van de lijkwagen waarin de kist met mijn vader stond; de agenten hielden het weinige verkeer tegen als de stoet naderde.

En toen sloegen we linksaf. En zagen de menigte die zich had verzameld langs een van de meest herkenbare straten ter wereld, King's Parade, het hart van Cambridge. Ik had nog nooit zoveel mensen gezien, die zo stil waren. Spandoeken, vlaggen, camera's en mobiele telefoons werden omhoog gestoken terwijl de talloze mensen eerbiedig zwijgend langs de straat stonden en de *head porter*, het hoofd van de staf van Gonville & Caius College, mijn vaders college, ceremonieel gekleed met bolhoed en een ebbenhouten wandelstok, plechtig over straat liep om de stoet te ontvangen en naar de kerk te begeleiden.

Mijn tante kneep in mijn hand en we barstten in tranen uit. 'Hij zou dit prachtig gevonden hebben,' fluisterde ze me toe.

Sinds mijn vader overleed is er zoveel geweest dat hij prachtig had gevonden, zoveel waarvan ik wilde dat hij het had kunnen meemaken. Ik wilde dat hij de buitengewone uitingen van genegenheid jegens hem vanuit de hele wereld had kunnen zien. Ik wilde dat hij had geweten hoe geliefd hij was en gerespecteerd werd door miljoenen mensen die hij nooit had ontmoet. Ik wilde dat hij had geweten dat hij zou worden bijgezet in Westminster Abbey tussen twee van zijn wetenschappelijke helden, Isaac Newton en Charles Darwin, en dat zijn stem tijdens de bijzetting door middel van elektromagnetische golven naar een zwart gat werd gezonden.

Maar hij zou zich ook hebben afgevraagd waar al die drukte voor nodig was. Hij was een verrassend bescheiden man die ervan hield in de schijnwerpers te staan maar tegelijkertijd verbaasd was door zijn eigen bekendheid. Een bepaald zinnetje in dit boek viel me op als een samenvatting van zijn houding ten aanzien van zichzelf: 'Ik ben blij als ik daar een kleine bijdrage aan heb geleverd.' Ik denk dat hij de enige was die dat 'als' in dat zinnetje zou hebben gezet. Ik denk dat ieder ander behoorlijk zeker wist dat hij dat heeft gedaan.

En wat voor bijdrage was dat. Zowel in de alomvattende grootsheid van zijn werk in de kosmologie, waarin hij de structuur en de oorsprong van het heelal zelf verkende, als met zijn zo menselijke moed en humor ondanks al zijn problemen. Hij vond een manier om over de grenzen van onze kennis te reiken en tegelijkertijd de grenzen van wat iemand kan verdragen te overschrijden. Volgens mij was het deze combinatie die hem zo iconisch maakte maar ook zo bereikbaar, zo toegankelijk. Hij leed, maar zette door. Communiceren was een enorme inspanning voor hem, maar hij leverde die inspanning en paste met het toenemende verlies van zijn mobiliteit altijd weer zijn apparatuur aan. Hij koos zijn woorden zorgvuldig, zodat ze een maximale impact hadden terwijl ze werden uitgesproken met dat vlakke elektronische stemgeluid, dat zo merkwaardig expressief werd als hij ermee sprak. En als hij sprak, dan luisterden mensen, of het nu ging over zijn visie op de nationale gezondheidszorg of over de uitdijing van het heelal, waarbij hij nooit een gelegenheid voorbij liet gaan om onbewogen een grapje te maken, maar met een schittering in zijn ogen.

Mijn vader was ook een familieman, iets wat de meeste mensen was ontgaan tot het uitkomen van de film *The Theory of Everything* in 2014. Het was in de jaren 1970 zeker niet gebruikelijk dat een invalide man een vrouw en kinderen had of een grote behoefte aan zelfstandigheid en onafhankelijkheid. Toen ik klein was, had ik een grondige hekel aan de manier waarop vreemden naar ons staarden, soms met hun mond open, als mijn vader zijn rolstoel met idiote snelheid door Cambridge laveerde, begeleid door twee meisjes met warrige, blonde haardossen die naast hem renden en onderwijl een ijsje probeerden te eten. Ik vond dat ongelooflijk onbeleefd. Ik probeerde terug te staren, maar ik geloof niet dat mijn kwaadheid ooit overkwam, zeker niet als mijn kindergezichtje vol plakkerig ijs zat.

Mijn jeugd was op geen enkele denkbare manier normaal. Ik wist dat, en tegelijkertijd wist ik dat niet. Ik dacht dat het heel normaal was om volwassenen een heleboel moeilijke vragen te stellen, want dat is wat we thuis deden. Het was pas toen ik, naar men beweert, een dominee tot tranen had gebracht met mijn indringende vragen naar zijn bewijs voor het bestaan van God, dat ik erachter kwam dat dit niet werd verwacht.

Als kind beschouwde ik mezelf niet als een nieuwsgierig type; ik vond dat mijn oudere broer dat was die, zoals oudere broers zijn, me altijd te slim af was (en trouwens nog steeds is). Ik herinner me een vakantie met het gezin, die toevallig zoals zoveel vakanties op mysterieuze wijze samenviel met een natuurkundecongres in het buitenland. Mijn broer en ik volgden enkele van de voordrachten, vermoedelijk om mijn moeder even rust te gunnen van haar onafgebroken zorgtaken. In die tijd waren natuurkundevoordrachten niet leuk en zeker niet voor kinderen. Ik zat daar zomaar tekeningetjes te maken op mijn blocnote, maar mijn broer stak zijn dunne jongensarmpje de lucht in en stelde de eerbiedwaardige academische voordrachtgever een vraag, en mijn vader gloeide van trots.

Vaak wordt mij gevraagd: 'Hoe is het om Stephen Hawkings dochter te zijn?' Er bestaat natuurlijk geen kort antwoord dat de lading precies dekt. Wat ik kan zeggen is dat de hoogtepunten heel hoog waren, de dieptepunten heel diep en dat daartussen een situatie bestond die we 'normaal, voor ons tenminste' noemden, een aanvaarding als volwassenen dat datgene wat wij als normaal beschouwden, voor iemand anders niet normaal was. Nu de tijd de ruwe kanten van verdriet heeft afgeslepen, heb ik bedacht dat het verwerken van onze ervaringen eeuwig kan gaan duren. In zekere zin weet ik niet of ik dat wel wil. Soms wil ik me alleen vasthouden aan de laatste woorden die mijn vader tegen me heeft gezegd: dat ik een fantastische dochter was en dat ik nooit bang moet zijn. Ik zal nooit zo dapper zijn als hij; ik ben van nature niet een bijzonder moedig iemand, maar hij liet me zien dat ik het kon proberen te zijn. En dat dat proberen het belangrijkste deel kan blijken te zijn van moed.

Mijn vader gaf nooit op, hij ging de strijd nooit uit de weg. Toen hij vijfenzeventig was, totaal verlamd op een paar gezichtsspiertjes na, stond hij nog iedere dag op, trok een pak aan en ging aan het werk. Hij moest dingen doen en liet zich niet tegenhouden door een paar trivialiteiten. Hoewel ik moet zeggen dat, als hij geweten had van de politiemannen op motoren die hem bij de begrafenis begeleidden, hij hun zou hebben gevraagd hem iedere dag door de ochtendspits te leiden van zijn huis in Cambridge naar zijn kantoor.

Gelukkig wist hij van dit boek. Het was een van de projecten waaraan hij in zijn laatste jaar op aarde werkte. Het was zijn idee om zijn laatste artikelen te bundelen tot één boek. Zoals bij zoveel dingen het geval is sinds zijn overlijden, wilde ik dat hij de laatste versie had kunnen zien. Ik denk dat hij heel trots zou zijn geweest op dit boek en dat hij uiteindelijk zelfs toe had moeten geven dat hij toch een bijdrage had geleverd.

Lucy Hawking
juli 2018

Dankbetuiging

De Stephen Hawking Estate betuigt dank aan Kip Thorne, Eddie Redmayne, Paul Davies, Seth Shostak, Dame Stephanie Shirley, Tom Nabarro, Martin Rees, Malcolm Perry, Robert Kirby, Nick Davies, Kate Craigie, Chris Simms, Doug Abrams, Jennifer Hershey, Anthea Bain, Jonathan Wood, Elizabeth Forrester, Yuri Milner, Thomas Hertog, Ben Bowie en Fay Dowker voor hun hulp bij het samenstellen van dit boek.

Stephen Hawking heeft gedurende zijn hele carrière zowel wetenschappelijk als creatief samengewerkt met vele anderen, met collega's aan baanbrekende wetenschappelijke artikelen, maar ook met scenarioschrijvers zoals het team van *The Simpsons*. In de laatste jaren van zijn leven had Stephen steeds meer hulp nodig, zowel technisch als bij het communiceren, van de mensen om hem heen. De Estate wil graag iedereen bedanken die Stephen heeft geholpen met de wereld in contact te blijven.